计算机平面设计专业

数码照片艺术处理——
Photoshop CC

（第2版）

主　编　梁亚飞

副主编　郑　果　李梁雅

Shuma zhaopian Yishu Chuli——Photoshop CC

U0335677

高等教育出版社·北京

内容提要

当今计算机技术和数码产品日益普及,在将计算机技术应用到数码图像的后期处理过程中,计算机图像处理软件扮演着无法替代的角色。

本书是计算机平面设计专业系列教材,依据《中等职业学校计算机平面设计专业教学标准》编写。本书根据职业学校学生的特点和社会的需求,从数码照片艺术处理的角度,对数码照片艺术处理过程中涉及的基础知识和基本技能进行全面地分析与讲解。本书共分5个项目,分别从摄影构图,使用 Photoshop CC 2019 对数码照片的基本编辑操作、抠图、调色,在电商宣传和艺术创意等方面进行图文并茂地讲解与分析。

本书配套项目素材、源文件及最终效果图等网络教学资源,使用本书封底所赠的学习卡,登录 http://abook.hep.com.cn/sve 可获得相关资源,详细说明参见书末"郑重声明"页。

本书可作为计算机平面设计专业相关课程教材,也可作为职业学校学生学习完 Photoshop CC 基础软件功能后的提升教材,同时也适合具有一定软件基础和对数码照片艺术处理有需求的计算机爱好者使用,还可以作为各类社会培训学校的培训教材。

图书在版编目(CIP)数据

数码照片艺术处理:Photoshop CC/梁亚飞主编.
--2 版.--北京:高等教育出版社,2021.2
计算机平面设计专业
ISBN 978-7-04-055260-7

Ⅰ.①数… Ⅱ.①梁… Ⅲ.①图像处理软件-中等专业学校-教材 Ⅳ.①TP391.41

中国版本图书馆 CIP 数据核字(2020)第 217716 号

策划编辑	陈 莉	责任编辑 俞丽莎	封面设计 姜 磊		版式设计 杨 树
责任校对	马鑫蕊	责任印制 存 怡			

出版发行	高等教育出版社		网 址	http://www.hep.edu.cn
社 址	北京市西城区德外大街4号			http://www.hep.com.cn
邮政编码	100120		网上订购	http://www.hepmall.com.cn
印 刷	唐山嘉德印刷有限公司			http://www.hepmall.com
开 本	787mm×1092mm 1/16			http://www.hepmall.cn
印 张	12.5		版 次	2014 年 6 月第 1 版
字 数	280 千字			2021 年 2 月第 2 版
购书热线	010-58581118		印 次	2021 年 2 月第 1 次印刷
咨询电话	400-810-0598		定 价	27.20 元

本书如有缺页、倒页、脱页等质量问题,请到所购图书销售部门联系调换
版权所有 侵权必究
物 料 号 55260-00

第2版前言

　　随着信息技术的普及,软件的应用越来越广。熟练掌握软件操作已成为我们需要必备的技能。由 Adobe 公司开发的 Photoshop 在图像处理领域具有强大的功能,随着数码产品的迅速发展,人们用 Photoshop 对数码照片进行艺术处理越来越普遍,并且技术要求越来越高。

　　本书根据职业学校学生的特点和社会的需求,以"理实一体化"的方式,从艺术处理的角度,对数码照片处理整个过程中涉及的基础知识和基本技能进行比较全面的分析与讲解。本书共分 5 个项目,从摄影构图,使用 Photoshop CC 2019 对数码照片的基本编辑操作、抠图、调色,以及在电商宣传和艺术创意等方面应用进行图文并茂的讲解与分析。每个项目除考虑实际应用场景外,还增加了实例的趣味性,使整本书的内容和编排更贴近中职学生的生活与需求。同时,在每个项目中设置了一定量的拓展任务,便于学生课后进行巩固练习。

　　本书中的所有案例均在 Photoshop CC 2019 中完成,配套网络资源提供了书中所有项目的案例素材、效果图和源文件,按照本书最后一页"郑重声明"下方的"学习卡账号使用说明",登录 http://abook.hep.com.cn/sve 可以进行下载,本书所用案例素材仅供广大师生教学使用,不得用于任何商业用途。

　　本书参考学时为 64 学时,其中,理论讲授为 14 学时,实训为 50 学时,各项目的建议学时分配如下:

项目	内容	学时分配		
		讲授	实训	合计
1	照片的拍摄	4	2	6
2	数码照片的编辑	2	12	14
3	数码照片的色彩调整	2	12	14
4	数码照片的网店应用	4	12	16
5	创意艺术照片的制作	2	12	14
合计		14	50	64

本书由梁亚飞任主编,郑果、李梁雅任副主编,夏时木主审。其中项目 1 由李梁雅、李成编写,项目 2 由刘莎编写,项目 3 由梁亚飞、郑果编写,项目 4 由江春梅编写,项目 5 由唐晓编写,梁亚飞完成了全书统稿。

由于时间仓促,加之编者水平有限,本书难免存在疏漏和不妥之处,恳请广大读者批评指正。读者意见反馈邮箱:zz_dzyj@ pub. hep. cn。

编者

2020 年 8 月

目　录

项目 1 照片的拍摄

项目描述

随着摄影技术的发展和生活水平的不断提高,数码产品随处可见,拍摄精美的照片变得越来越容易,我们可以恣意享受数码技术带来的好处,让回忆定格、永久保存。然而,相机本身无法拍出好的照片,相机背后的摄影师以及摄影师的技能和技术才是决定照片质量的关键。如何拍摄出主题鲜明、精彩绝伦的照片是项目 1 的主要目标。希望通过本项目的学习,让你能真正喜欢上摄影,享受摄影带来的乐趣。

技能目标

① 能正确操作数码相机或手机进行照片拍摄。
② 能熟练使用不同的构图方法进行照片创作。
③ 能将数码相机或手机中的照片导出到计算机中进行分类存储。

任务 1.1 常用拍摄工具的使用

任务情景

随着时代发展,摄影已逐渐成为人们喜爱的一种表达心情、记录美好的重要途径。小白是一位热爱运动的帅小伙,喜欢旅游,喜欢记录美好的事物,也非常爱自拍。他一直想买一部好的智能手机或数码相机来进行摄影创作,但是不知道如何挑选手机或数码相机。今天,就让我们一起来学习手机和数码相机的特点,并为小白选择合适的拍摄工具吧。

任务目标

① 掌握手机摄影的方法。
② 掌握数码相机摄影的方法。
③ 了解数码相机的结构特点。

知识链接

1. 数码相机(Digital Camera,DC)

数码相机是一种利用电子传感器把光学影像转换成电子数据的照相机。数码相机通常可分为:单反相机、微单相机、卡片相机、长焦相机和家用相机等。

数码相机是集光学、机械、电子一体化的科技产品。它集成了影像信息的转换、存储和传输等部件，光线通过镜头或者镜头组进入相机，通过数码相机感光元件感知光波波长的不同，并转换为数字信号，数字信号通过影像运算芯片存储在存储设备中，具有数字化存取模式、与计算机交互处理和实时拍摄等特点。数码相机在拍摄后可以立即看到图片，拍摄得不好或者不需要的照片可以立即删除。用数码相机拍摄出的照片画质清晰、成像效果好。

2. 智能手机

随着信息技术的发展，内置在智能手机中的数码相机功能也日益强大。智能手机为用户提供了足够大的屏幕，既方便拍摄取景也方便进行各项多媒体应用。结合通信网络的支持，智能手机已成为一种功能强大的、综合性、便携式个人手持终端设备。

3. 照片版权

版权又称著作权，按照中国法律规定，版权是指任何人对于自己的文学、艺术、科学作品所拥有的发表权、署名权、修改权，以及出租、展览、传播等权利。按照国际惯例和著作权法的规定，摄影作品完成后摄影师就自动拥有了版权。摄影师可以使用、发表、展示、出售这张照片或授权给其他人使用。当然，作为作者，摄影师也可以去国家相关的版权机构将这张照片进行注册，以证明自己对该张照片拥有版权。但有一种特殊情况需要特别注意：如果摄影师在为顾客拍摄，受雇于某个公司，或者被媒体聘用，这个时候他的摄影作品是为了客户或者聘用他们的公司，并且在拍摄时已经获得了报酬，这种拍摄仅仅是一种职业行为，如果摄影师想出售照片，或将照片用作商业目的上来换取经济利益，他需要得到客户或者自己雇主的同意（授权）。

在日常应用中，我们可以通过拍摄 RAW 格式的照片来保护版权。因为 RAW 格式图片可以被转换成其他格式，而其他格式的图片却不能转换成 RAW 格式。所以只要手中有 RAW 格式的图片，就可以证明你对照片拥有版权。

任务实施

一、使用手机进行拍摄

下面以华为 P30 手机为例介绍如何使用智能手机进行照片拍摄。

① 打开 P30 的相机功能，我们能看到 7 种拍摄模式，从左到右分别是：大光圈、夜景、人像、拍照、录像、专业、更多（里边还有其他拍照功能），如图 1-1-1 所示。

② 向右滑动一下，进入"模式"页面，选择"专业"模式，如图 1-1-2 所示。

③ 再向左滑动一下，进入"设置"页面，选择你想设置的选项，如图 1-1-3 所示。

④ 返回相机界面，进行取景，再按下白色拍摄按钮。

二、使用数码相机进行拍摄

数码相机产品结构相对简单，外观精致，轻巧便携。数码相机的感光度也不再因胶卷而固定，光电转换芯片能提供多种感光度选择。数码相机因其操作简单方便，越来越受大众欢迎。单反相机是数码相机中最常用的一种，其基本结构（正面）如图 1-1-4 所示，按下快门按钮的前后状态如图 1-1-5 所示。

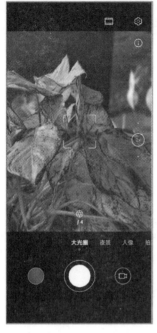

图 1-1-1　拍摄模式

图 1-1-2　模式选择

图 1-1-3　模式设置

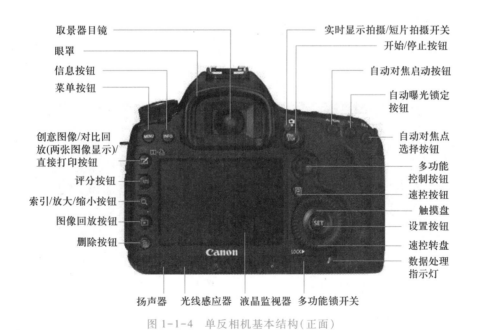

图 1-1-4　单反相机基本结构(正面)

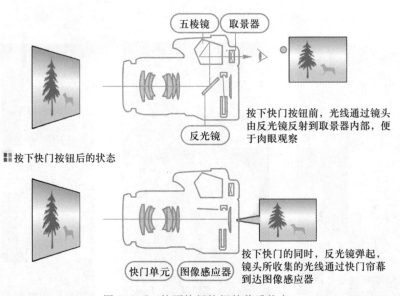

五棱镜　取景器

按下快门按钮前，光线通过镜头由反光镜反射到取景器内部，便于肉眼观察

反光镜

▌▌按下快门按钮后的状态

快门单元　图像感应器

按下快门的同时，反光镜弹起，镜头所收集的光线通过快门帘幕到达图像感应器

图 1-1-5　按下快门按钮的前后状态

　　下面以佳能 EOS 单反相机为例,介绍如何使用单反相机进行照片拍摄。

　　佳能的新款 EOS 单反相机一般有两套自动对焦系统:一套是基于专用自动对焦感应器的取景器 45 点全十字自动对焦系统;一套是实时显示下的全像素双核 CMOS AF 系统。同时具备 WiFi/NFC/蓝牙功能,可与智能手机连接,方便进行遥控拍摄与数据传输。

　　① 将拍摄模式设置为全自动。旋转模式转盘,将标记对准全自动模式,即拍摄时由相机自动完成参数设置的模式,如图 1-1-6 所示。

　　② 将镜头对焦模式设置为"AF"。检查镜头上的对焦模式开关,将标记对准"AF",这样自动对焦功能就起作用了,如图 1-1-7 所示。

图 1-1-6　拍摄模式设置

图 1-1-7　镜头对焦模式设置为"AF"

　　③ 取下镜头盖。捏住镜头盖的卡扣,取下镜头前盖,如图 1-1-8 所示。

　　④ 将相机对准被摄体。用右眼观察取景器,对准拍摄对象,如图 1-1-9 所示。观察取景器时,不应远离取景器,应使眼眶贴紧取景器进行观察。

图 1-1-8　取下镜头前盖

图 1-1-9　对准被摄体

⑤ 半按快门进行对焦。当被摄体进入取景器内之后,轻轻半按快门按钮,启动自动对焦功能进行对焦,如图 1-1-10 所示。

⑥ 合焦于被摄体。在能够看清被摄物体时,合焦处的自动对焦点闪烁为红色,如图 1-1-11 所示,相机发出"嘀嘀"提示音。

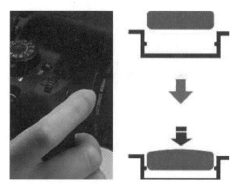

图 1-1-10　快门半按状态

图 1-1-11　合焦于被摄体

⑦ 完全按下快门按钮进行拍摄。在保持半按快门按钮的状态下,调整构图,然后完全按下快门按钮,如图 1-1-12 所示。当听到"咔嗒"声时,表示拍摄完成。

⑧ 拍摄完成。在完成拍摄之后,液晶监视器上将显示刚拍到的图像,如图 1-1-13 所示。预览图像在显示一段时间后会消失,此时图像数据已被记录至存储卡内。

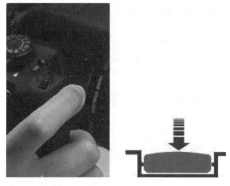

图 1-1-12　快门全按状态

图 1-1-13　拍摄完成状态

任务小结

① 用数码相机拍摄前需阅读操作手册,熟悉相机各按钮功能,在拍摄时手要拿稳相机,尽量将手肘放在支撑物体上,拍摄时保持稳定,不抖动。

② 拍摄结束后,注意关闭相机电源,盖好镜头盖,防止灰尘进入。

任务拓展

① 使用手机或数码相机,拍摄一组学校校园环境的照片。

② 使用手机或数码相机,拍摄一组同学上体育课进行运动的照片。

任务 1.2　照片的构图

任务情景

小白自从有了相机后,经常会拿着相机进行拍摄。虽然他常对着同一画面拍摄多张照片,但总觉得效果不好,没有一张满意的。这是因为小白还不知道照片如何构图。一张好的照片,构图非常关键。今天,我们一起来探讨一下照片构图的相关知识吧。

任务目标

① 理解什么是摄影"构图"。

② 掌握常用的构图方法。

③ 能灵活运用各种构图方法拍摄不同主题的照片。

④ 了解"景别"的概念。

⑤ 能运用不同景别拍摄不同风格的照片。

知识链接

构图,是指根据摄影题材和主题思想的要求,把要表现的内容适当地组织起来,构成一个完整的、协调的画面。构图是提升画面美感的过程,是一种摄影辅助技能。构图追求的是内容与形式的平衡。摄影构图时,我们要注意把握好以下三个要素:

① 一幅好的照片必须有一个鲜明的主题——能表达普遍寓意的主题。

② 一幅好的照片要有一个趣味中心——被摄主体。

③ 一幅好的照片必须画面简洁,只摄入必要的内容,排除或压缩分散注意力的其他内容。

任务实施

一、熟悉常见的构图方法

构图方法有很多种,在拍照的时候我们应该选择哪种呢?下面给大家推荐 7 种常见的、适用性广的构图法。掌握这些基本构图法,将极大地提升照片的拍摄效果。

1. 中心构图

中心构图就是将拍摄主体放在画面中心进行拍摄,这是最稳定的一种构图。这种构图法的最大优势在于主体清晰而突出,同时画面比较平衡。由于中心构图在稳定性上具有显著优势,所以适合拍摄建筑物或者中心对称的静止物体。同时,中心构图也适合表现物体的对称性,常与对称构图联合使用,将物体的对称中心放在画面中心。用中心构图拍摄的照片如图 1-2-1、图 1-2-2、图 1-2-3、图 1-2-4 所示。

图 1-2-1　中心构图拍摄静物

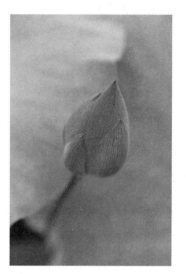

图 1-2-2　中心构图拍摄荷花

图 1-2-3　中心构图拍摄云朵

图 1-2-4　中心构图拍摄植物

在日常应用中,当拍摄主体比重较大而画面中缺乏其他景物时,拍摄主体的偏移会造成强烈的失衡感,最好采取中心构图。但需要注意的是,若拍摄时取景框是长方形,如果缺乏陪衬景物,长边两侧很可能会比较空洞,中心构图的稳定性会使画面更缺乏变化,进一步强化了这种缺点。要处理这一问题,我们可以后期把照片裁剪成正方形画幅来解决,如图 1-2-5、图 1-2-6 所示。

图 1-2-5　中心构图裁切成正方形　　　　图 1-2-6　中心构图裁切成正方形

2. 三分法构图

三分法构图也被称为九宫格构图,一般用两横、两竖构成的"井"字形网格将画面均分,使用时将拍摄主体放置在横竖线条的 4 个交点上或放置在线条上。三分法构图操作简单,画面简练,表现鲜明,是一种比较常见的、简单的构图方法,多应用于风景、人像摄影。

在三分法构图中,视觉兴趣点上的主体,能快速吸引观众视线,解决中心构图法"长方形画面边缘空洞"的问题。在日常应用中,使用三分法时要兼顾画面平衡性,如果有条件,尽量在主体对侧的视觉兴趣点、线上安排陪体,画面会更显平衡和丰富,如图 1-2-7、图 1-2-8、图 1-2-9 所示。

现在很多相机上都配置了构图辅助线,可以直接使用,如图 1-2-10 所示。

 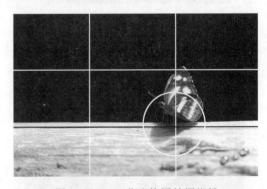

图 1-2-7　三分法构图拍摄风景　　　　图 1-2-8　三分法构图拍摄蝴蝶

图 1-2-9　三分法构图拍摄日落　　　　图 1-2-10　手机自带的三分法构图辅助线

3. 对称式构图

对称式构图是按照一定的对称轴或对称中心,使画面中景物形成轴对称或者中心对称。对称式构图有上下对称、左右对称等方式,具有稳定平衡的特点,常用于建筑、倒影拍摄等。在建筑摄影中,对称式构图能表现出建筑设计的平衡性和稳定性。应用于镜面倒影拍摄时,能表达出唯美的意境,展现出画面平衡性的特点。

对称式构图常与中心构图联合使用,让对称中心位于画面中心或使对称轴通过画面中心。在拍摄时,应寻找合适的拍摄角度,使对称感更强烈,如果前期没法完全对称,也可以在后期环节进行校正和剪裁,用对称构图拍摄的照片如图 1-2-11、图 1-2-12、图 1-2-13 所示。

图 1-2-11　对称式构图拍摄建筑

图 1-2-12　对称式构图拍摄倒影

图 1-2-13　对称式构图拍摄植物

4. 框架式构图

框架式构图是指利用前景物体形成框架产生遮挡感,使人更注意框内景象的构图方法。框架式构图会形成纵深感,让画面更加立体、直观,更具视觉冲击力,也让主体与环境相呼应。拍摄时可以利用门窗、树叶间隙、网状物等作为框架。

在实际拍摄中,前景景物需要与主体具有一定的区分度,如颜色对比、明暗对比、清晰模糊对比等,让人一看就知道——"这不是主体"。选择构成框架的物体时还需注意:不要选择太抢眼的物体,以免分散对主体的注意力。同时,框架的画面比例也很重要。框架太小,没有框架感,框架太大,会喧宾夺主。当构框物不美观,尤其是剪影化处理时,不要让它们占据太大的画面比例,以保证画面整体的美观。用框架式构图拍摄的照片如图 1-2-14、图 1-2-15、图 1-2-16 所示。

图 1-2-14　框架式构图拍摄风景

图 1-2-15　框架式构图拍摄儿童

图 1-2-16　框架式构图拍摄风景

5. 对角线构图和三角形构图

对角线构图，又叫斜线构图，是指主体沿画面对角线方向排列，画面体现出强烈的动感。对角线是画框中最长的直线，沿对角线展布主体，使主体自然地填充整个画面，画面舒展而饱满，视觉效果更好。对角线构图的图片有动态张力，更加活泼。用对角线构图拍摄的照片如图 1-2-17、图 1-2-18、图 1-2-19、图 1-2-20 所示。

图 1-2-17　对角线构图拍摄柿子

图 1-2-18　对角线构图拍摄花丛

图 1-2-19　对角线构图拍摄花朵

图 1-2-20　对角线构图拍摄树木

　　需要注意的是,我们不要为了凑对角线而故意倾斜画面,尤其是画面里有水平线或明显的"应当竖直"的景物时,这种强行对角线构图的方式会让画面显得极不协调。

　　三角形构图会增添画面的稳定性,常在画面中构建三角形构图元素,特别是人像摄影中。多用于拍摄建筑、山峰、植物枝干、人物等。用三角形构图拍摄的照片如图 1-2-21、图 1-2-22、图 1-2-23 所示。

图 1-2-21　三角形构图拍摄建筑 1

图 1-2-22　三角形构图拍摄建筑 2

图 1-2-23　三角形构图拍摄建筑 3

6. 引导线构图

引导线构图,即利用线条引导观者的目光,使之汇聚到画面的焦点。引导线可以是任何形式的线条,直线、曲线、折线都行。引导线可以有多种表现形式,如汇聚线、平行线、放射线、螺旋线等。引导线也不一定是具体的线,凡是有明显方向性或具有延伸趋势的物体都可以称为引导线,如人的目光、大片延伸的相同颜色、阴影等,多个同类物体的连线,也可以构成引导线。引导线构图能引导观众视线,突出主体,营造画面纵深效果,增加视觉冲击力。用引导线构图拍摄的照片如图 1-2-24、图 1-2-25、图 1-2-26 所示。

图 1-2-24　曲线引导线构图拍摄建筑

图 1-2-25　直线引导线构图拍摄植物

图 1-2-26　引导线构图拍摄花朵

7. 极简构图和留白

摄影是减法的艺术,要不断剔除和主体相关性不大的景物,让画面更加精简,从而突出主体,表现出较强的视觉冲击力。在极简构图中常常会在画面中留白,排除杂物,创造一个负空间,让观众注意力集中在主体上。极简的画面会让人更加舒适,更有唯美感。用极简构图拍摄的照片如图 1-2-27、图 1-2-28、图 1-2-29、图 1-2-30 所示。

摄影构图方法和技巧有很多,只要多进行拍摄练习,做到逐一辨识记忆,从实践中提炼概括,并且综合运用到作品创作中,相信你的摄影水平就会有很大的提高。

图 1-2-27　极简构图拍摄建筑

图 1-2-28　极简构图拍摄花朵

图 1-2-29　极简构图拍摄建筑

图 1-2-30　极简构图拍摄花朵

二、景别在构图中运用

摄影除了构图之外,还有一个影响画面美观的重要因素,那就是"景别"。景别,也称取景范围,即是画面中所包含内容的范围大小。在进行摄影创作时,对画面内容的取舍是为了更好地突出重点和反映主题,我们决定将哪些景物纳入画面中,或将景物的多少范围框进取景器,这其实就是在调整取景范围。一般来说,摄影的取景范围可分为全景、中景、近景和特写,如图 1-2-31 所示。景别越大,环境因素越多;景别越小,主题越突出。

在使用同样镜头的前提下,景别主要和拍摄距离有关,它直接影响相机取景框内包含的信息量和主要景物的占位面积。若是相同距离下,景别大小由镜头焦距的长短来决定。一般地,我们可以将两种手段结合起来使用。

1. 全景

全景采用加宽的画面来记录场景,大范围的横向取景可以充分展现场景的宏伟、辽阔,让浏览者对场景整体的景观一目了然,适合拍摄场景全貌画面。在全景中,人物与环境常常融为一体,能创造出有人有景的生动画面。一般来说,全景画面应有明显的内容中心和结构主体,突出特定范围内某一具体对象的视觉轮廓形状和视觉中心地位。

图 1-2-31 景别分类

全景画面通常都以横画幅居多,能够获得巨大的空间感,是一种极具震撼力的取景方式,在拍摄自然风光、城市面貌、建筑等题材时较为常用,如图 1-2-32 所示。很多相机具有全景拍摄功能,可以使用三脚架进行扫描拍摄。当然,我们也可以定点移动镜头拍摄多张照片,再后期处理合成全景照片。

图 1-2-32 全景照片

2. 中景

中景是叙事功能最强的一种景别,能够展现景物最有表现力的结构线条,同时能够展现人物的细节活动,能给观众提供指向性视点。相比全景而言,中景更加强调画面的存在感,能更加细腻地展现主体形态。在包含对话、动作和情绪交流的场景中,利用中景可以很好地兼顾表现人物之间、人物与周围环境之间的关系。表现多人时,也可以使用中景清晰地表现人物之间的相互关系。

全景展现了场面的宏大,而中景则更加强调主体所具有的重要地位,对象的整体特征不能完整刻画,而对象本身的组成结构、气质特征是刻画重点,由此则强调出了主体的存在感,如图 1-2-33所示。

3. 近景

近景是以表情、质地为表现对象,常用来细致地表现人物的精神面貌和物体的主要特征,可以产生近距离的交流感。比如,大多数节目有主持人或播音员的画面多数是以近景出现在观众面前的。近景中,环境和背景的作用进一步降低,吸引观众注意力的是画面中占主导地位的人物或被摄主体,如图 1-2-34 所示。

拍摄风光时,近景常用于记录较小场景的画面,此时环境因素得到淡化,将观察者的注意力引向主体的色彩、结构等特征之上。拍摄人物时,近景能对人物的形态、面部的神态进行更加细腻的刻画。

图 1-2-33　中景照片

4. 特写

特写是表现质地的景别,常用来从细微之处揭示被摄物体的内部特征及本质内容。特写画面的画框非常接近被摄物体,画面视角最小,视距最近,内容单一,画面细节突出,能够清晰地表现对象的线条、质感、色彩等特征,可起到放大形象、强化内容、突出细节等作用,给观众带来一种预期和探索的意味。

用特写画面表现景物时,把物体的局部放大,并且在画面中呈现这个单一的物体形态,所以使观众不得不把视觉集中,近距离仔细观察、接受,有利于细致地对景物进行表现,也更易于被观众重视和接受,从而表现出物体的质感,加强画面的感染力,如图 1-2-35 所示。拍摄这类景别需要长焦镜头或特殊的微距镜头。

图 1-2-34　近景照片

图 1-2-35　特写照片

随着摄影技术的进步,人们被引向更为极致的宏观世界和微观世界,景别的概念现已经远远超过传统意义范围,我们在拍摄时,要围绕被摄对象,多加思考,使画面的表现力更加出众、出彩。

任务小结

① 摄影的构图方法有很多,比较常用的有:中心构图、三分法构图、对称式构图、框架式构图、对角线构图和三角形构图、引导线构图、极简构图和留白等。

② 摄影的取景范围可分为全景、中景、近景和特写。景别越大,环境因素越多;景别越小,强调因素越多。

③ 在拍摄照片时,要灵活运用构图方法,搭配合适的景别,清晰表达摄影主题。

任务拓展

① 使用手机或数码相机拍摄一组全景、中景、近景、特写的学校教学楼。
② 使用手机或数码相机拍摄一组全景、中景、近景、特写的绿色植物。
③ 使用手机或数码相机拍摄一组全景、中景、近景、特写的同学人像。

任务 1.3　数码照片的获取与管理

任务情景

小白用数码相机和手机照了很多关于校园生活的照片,他想挑选一些漂亮的照片在计算机上进行处理。可是,怎样才能导出这些照片呢? 下面我们将一起学习数码照片的获取与管理。

任务目标

① 掌握从数码相机上获取照片的方法。
② 掌握从手机上获取照片的方法。

知识链接

现在的数码相机和部分手机都安装了存储卡,拍摄的照片会默认存储在存储卡中,我们可以将存储卡放到读卡器里,插入计算机的 USB 接口即可将照片导入到计算机中。

常见的存储卡有以下几种:

1. SD 卡

全称为 Secure Digital Memory Card。常用于数码相机或手机等数码产品,是目前最流行的存储卡。

2. MiniSD 卡

全名 Mini Secure Digital Memory Card。主要应用于数码相机、PDA、MP3 音乐播放器、行车记录仪等数码产品。Mini SD 卡体积较小,但是却拥有与 SD 存储卡一样的读写效能与大容量,并与标准 SD 卡完全兼容,通过 SD 卡转接器还可当作一般 SD 卡使用。

3. TF 卡

全名 Trans Flash Card,也叫作 Micro SD 卡,可通过 SD 卡转换器变成 SD 卡使用。

4. CF 卡

全名 Compact Flash Card,常用于数码相机。

5. MMC 卡

全称为 Multi-Media Card,即多媒体卡,是一种小型 24×32 mm 或 18×14 mm 可擦除固态存储卡,常用于移动电话和数字影像及其他移动终端中。

任务实施

一、数码照片的获取

1. 数码相机中照片的获取

使用数码相机拍完照片之后,照片都是先存储在数码相机的存储卡上,我们可以直接在数码相机的屏幕上查看照片。但这种方法非常消耗相机电量,所以我们会将数码相机里的照片导出到计算机上,再进行批量查看与编辑。下面以佳能 EOS 600D 数码相机为例介绍导出方法。

方法一:使用数码相机存储卡获取照片。

在数码相机中找到存储卡所在的位置,按照正确的操作方法,将数码相机的存储卡取出,如图 1-3-1 所示。

启动计算机,在计算机的侧面找到 SD 卡槽接口,将数码相机的存储卡插入 SD 卡槽内,如图 1-3-2 所示。计算机会自动识别该存储卡,识别完成之后,存储卡中的信息可以通过这台计算机进行读取。

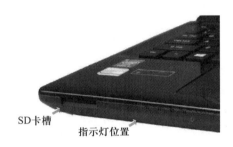

SD卡槽
指示灯位置

图 1-3-1　取出数码相机存储卡　　　　图 1-3-2　笔记本电脑 SD 卡槽

在计算机中打开存储卡对应的磁盘驱动器,找到存储卡中照片的存储目录,选择要导出的照片,先复制,再粘贴到计算机的目标文件夹中即可,如图 1-3-3 所示。

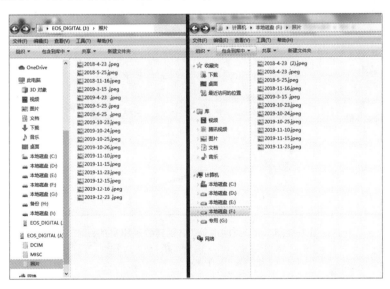

图 1-3-3　复制照片到目标文件夹

方法二:使用数码相机数据线获取照片。

使用数码相机数据线可以直接通过计算机的 USB 接口读取数码相机中的照片数据。

① 使用数据线将数码相机与计算机相连,如图 1-3-4 所示。

图 1-3-4 用数据线连接计算机

② 打开数码相机的电源开关。

③ 稍等片刻后,打开"我的电脑",在"便捷设备"下出现数码相机的标志,如图 1-3-5 所示。

④ 双击数码相机的标志,进入数码相机文件夹,然后双击打开"SD"文件夹,如图 1-3-6 所示。

⑤ 找到"DCIM"文件夹,如图 1-3-7 所示,双击打开,如图 1-3-8 所示。

⑥ 找到数码相机里的照片文件并进行管理:使用 Ctrl+C 或 Ctrl+X 键对照片进行复制或者剪切,如图 1-3-9 所示。

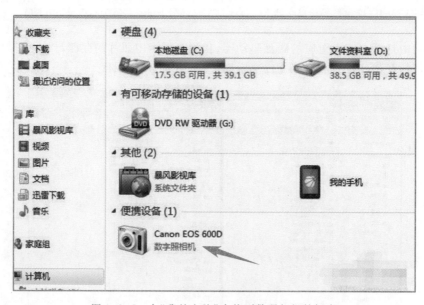

图 1-3-5 在"我的电脑"中找到数码相机的标志

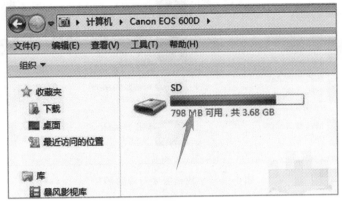

图 1-3-6　打开"SD"文件夹

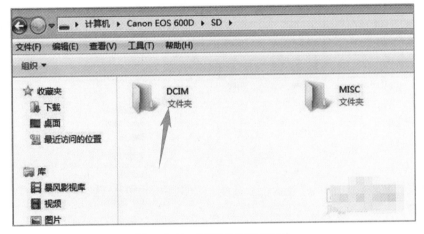

图 1-3-7　找到"DCIM"文件夹

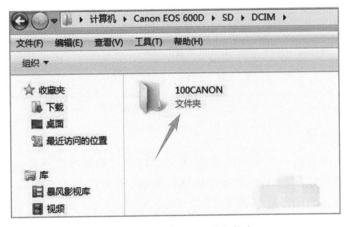

图 1-3-8　双击"DCIM"文件夹

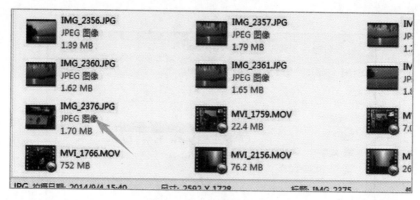

图 1-3-9　找到需要管理的照片

找到需要存放照片的目标文件夹,在右键菜单中选择"粘贴",即可完成导出数码相机中照片的操作,如图 1-3-10 所示。

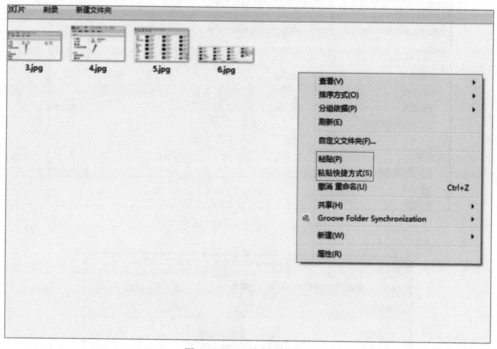

图 1-3-10　选择"粘贴"

2. 手机中照片的获取

手机中照片的获取方法和数码相机类似,通过存储卡或数据线进行导出,但从手机中导出照片还可以通过 QQ、微信或其他 App 同步传输到计算机;或者将手机中的照片上传到云端,然后在计算机上直接登录云端账号后下载照片。

二、照片的管理

从数码相机中导出照片以后,一般都会有统一的命名,但是,这种命名并不能清楚地体现照片内容或作者信息等,所以我们最好将照片以场景或活动内容进行重新命名,以便查阅。

任务小结

① 数码相机中照片的获取方法一般有两种:一是使用存储卡导出文件;二是使用数码相机数据线导出数据。

② 手机中照片的获取,可以使用存储卡或数据线进行导出;也可以使用 App 的数据同步功能;还可以使用从云端下载备份照片文件的方法。

③ 对数码照片进行重命名(按事件、场景或拍摄时间等)操作,可以更好地进行分类,方便查找与使用。

任务拓展

① 使用手机或数码相机拍摄一组教室照片,并以日期作为文件名保存在计算机中。
② 探索其他将手机或数码相机中的照片保存至计算机中的方法。

任务 1.4　常见数码照片的格式

任务情景

小白同学报名参加了学校组织的"校园生活"摄影比赛,并用自己的数码相机拍摄了多组照片。当他提交作品时才发现,学校要求上传的是 JPEG 格式的照片。可是小白对数码照片格式还不太了解,接下来就让我们一起来学习数码照片格式的相关问题吧。

任务目标

① 掌握常见的数码照片文件格式。
② 掌握 JPEG、TIFF、GIF、FPX、RAW 等图像格式的特点。
③ 掌握使用 Photoshop CC 2019 进行格式转换的方法。
④ 掌握使用"格式工厂"进行格式转换的方法。

知识链接

① 文件格式是指计算机为存储信息而使用的对信息的特殊编码方式。每一类信息,都可以以一种或多种文件格式保存在计算机存储器中。文件扩展名可以帮助应用程序识别文件的格式。

② 常见的图像格式有:JPEG(jpg)、TIFF(tif)、GIF、FPX、RAW 等。

任务实施

一、认识常见的图像文件格式

1. JPEG 图像格式

JPEG 是一种常见的图像格式,它由联合图像专家组(Joint Photographic Experts Group)开发。

JPEG 文件的扩展名为 .jpg 或 .jpeg,它用有损压缩算法去除冗余的图像和彩色数据,在获得极高的压缩率的同时能展现十分丰富生动的图像,即可以用较少的磁盘空间得到较好的图片质量。在压缩图像的过程中,图像中有的信息会被丢弃,因此图像会有失真的情况。JPEG 格式压缩的主要是高频信息,对色彩的信息保留较好,它可以支持 24 位真彩色,所以也普遍应用于需要连续色调的图像,如图 1-4-1 所示。整幅图以暖色调为主,连续性表现突出,色调没有大的跳跃。有些数码相机使用另一种 JPEG(EXIF)的图像格式,也属于 JPEG 图像格式,但包含曝光资料如光圈快门、有否用闪光灯等数据,如图 1-4-2 所示。

图 1-4-1　连续色调

图 1-4-2　含 EXIF 信息的 JPEG 图像

2. TIFF 图像格式

TIFF（Tagged Image File Format)图像格式是一种非失真的压缩格式,能保持原有图像的色彩和层次但占用磁盘空间很大。例如一个 200 万像素的图像差不多要占用 6 MB 的存储容量,故 TIFF 图像格式常被应用于专业领域,如书籍出版、海报等,很少应用于互联网,如图 1-4-3 和图 1-4-4 所示。

图 1-4-3　色彩和层次丰富

图 1-4-4　图像细节丰富

3. GIF 图像格式

GIF 图像格式在压缩的过程中图像的像素信息不会被丢失,但会丢失图像的色彩,也就是说,一部分本来不同的颜色被压缩成同一种颜色,这是因为 GIF 图像格式最多只能存储 256 种颜色(8 位),因此如果你的图像超过 256 色,存储成 GIF 图像格式之后颜色就会被降到 256 色了,如图 1-4-5 和图 1-4-6 所示。故 GIF 图像格式主要用于显示简单图形及字体。有些数码相机的 text mode 拍摄模式就是把照片存储成 GIF 图像格式。

图 1-4-5　JPEG 图像格式

图 1-4-6　存储成 GIF 图像格式

4. FPX 图像格式

FPX 是拥有多重分辨率的图像格式,即图像被存储成一系列高低不同的分辨率。这种格式的好处是当图像被放大时仍可保持图像的质量。另外修改 FPX 图像时只会处理被修改的部分,不会把整个图像一并处理,从而减轻处理器的负担使图像处理时间减少。

5. RAW 格式

RAW 是一种将数码相机感光元件成像后的图像数据直接存储的图像格式,不经过压缩也不会损伤数码照片的质量,而且由于存储的是感光元件的原始图像数据,后期可以对图像的正负两级的曝光调整、色阶曲线、白平衡、锐利度等参数进行调整。后期处理时,给了摄影师极大的调整空间。

RAW 格式文件没有白平衡设置,真实的数据并没有被改变,也就是说,作者可以自由地调整色温和白平衡,并且不会发生图像质量损失。

虽然 RAW 格式文件附有饱和度、对比度等标记信息,如图 1-4-7 所示,但是其真实的图像数据并没有改变。用户可以自由地对某一张图片进行个性化的调整,而不必基于预先设定的模式。

图 1-4-7 RAW 格式文件信息

RAW 格式最大的优点就是可以将其转换为 16 位的图像,也就是有 65 536 个层次可以被调整,这相对于 JPEG 文件来说是一个很大的优势,如图 1-4-8 所示。当编辑一个图像的时候,特别是需要对阴影区或高光区进行重新调整的时候,这一点非常重要。

图 1-4-8 JPEG 与 RAW 对比

RAW 格式的缺点是需要特殊软件来处理,同时在拍摄时,数码相机的液晶屏幕上只能看到 RAW 文件的专门为预览提供的 JPEG 副本,而且为了避免浪费存储空间,副本的压缩比大,图像质量较差。这也是部分数码相机用户误以为 RAW 格式的效果比 JPEG 还差的原因。

二、使用 Photoshop 进行图像文件格式转换

如果文件格式不符合项目需求,我们可以使用 Photoshop 进行图片格式转换。具体步骤如下:

① 打开 Photoshop CC 2019,单击"文件"菜单,再选择"打开"命令,如图 1-4-9 所示。选中要转换格式的图像,如某个 TIFF 格式的图像。

② 打开图片后,单击"文件"菜单,再选择"存储为"命令,打开如图 1-4-10 所示的对话框。在"保存类型"下拉列表框中选择需要转换的目标格式,如 JPEG 格式,然后单击"保存"按钮,如图 1-4-11 所示。

图 1-4-9　Photoshop "文件" 菜单

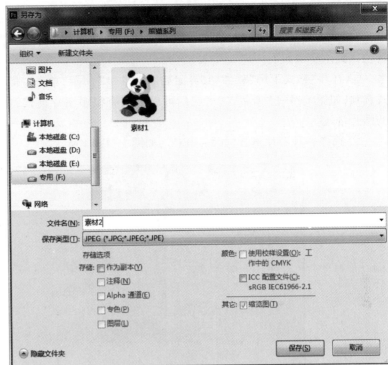

图 1-4-10　Photoshop 打开图片

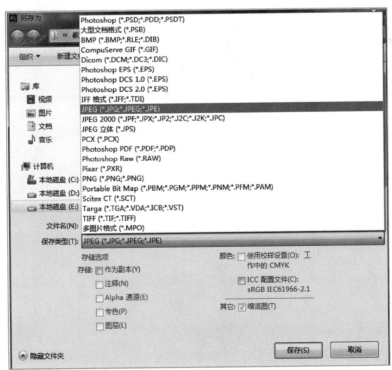

图 1-4-11　Photoshop 存储为其他格式

此时 Photoshop 保存了新格式的图像,我们可以在相应目录中找到已生成新格式的图像。

三、使用"格式工厂"进行批量格式转换

"格式工厂"是常用的格式转换软件之一,使用"格式工厂"可以对大批图片进行快速的格式转换。具体步骤如下:

① 打开"格式工厂"软件,其界面如图 1-4-12 所示,单击左侧的"图片"按钮,展开"图片"格式选项,如图 1-4-13 所示,这里我们可以看到有很多图片格式,这里的图片格式代表的是输出的图片格式。

② 选择一种图片格式,如"→JPG",如图 1-4-14 所示。

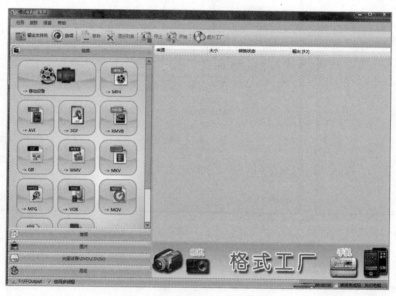

图 1-4-12 "格式工厂"主界面

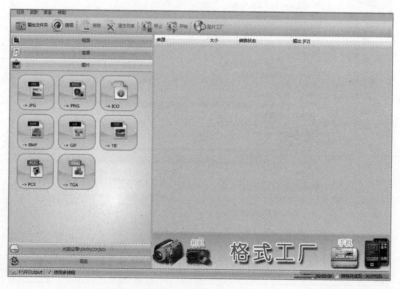

图 1-4-13 展开"图片"格式选项

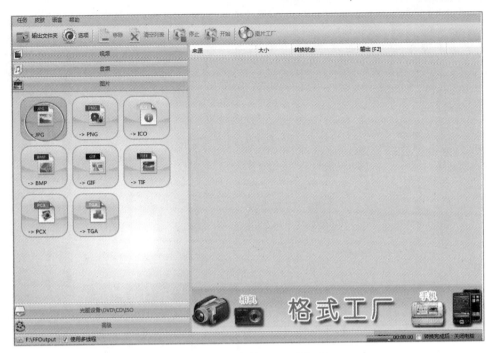

图 1-4-14　选择"→JPG"格式

③ 在弹出的新界面中单击右上方的"添加文件"按钮,添加需要转换格式的图片,如图 1-4-15 和图 1-4-16 所示。

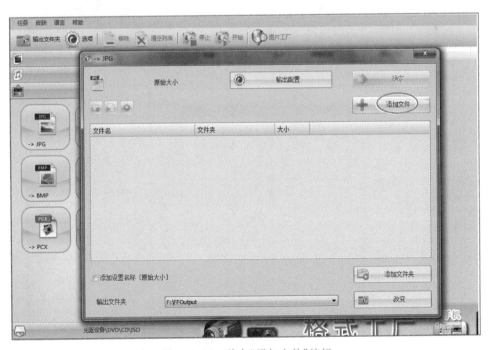

图 1-4-15　单击"添加文件"按钮

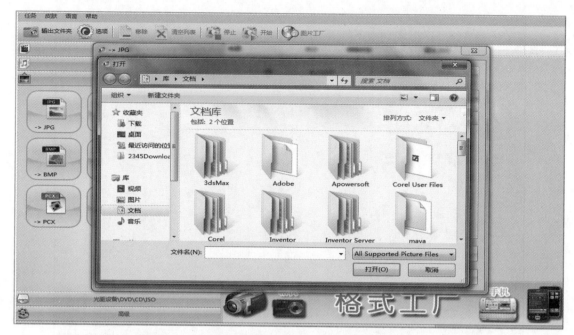

图 1-4-16　添加要转换格式的图片

④ 添加图片后,再单击"输出配置"按钮,设置图片的最大宽度、最大高度等参数,然后单击"确定"按钮,如图 1-4-17 和图 1-4-18 所示。

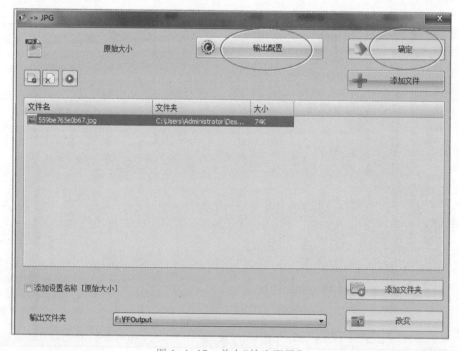

图 1-4-17　单击"输出配置"

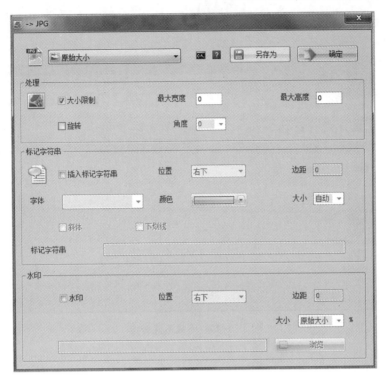

图 1-4-18　设置图片参数

⑤ 单击主界面的"开始"按钮,如图 1-4-19 所示,开始格式转换。图片格式转换完成后会出现"完成"提示,如图 1-4-20 所示。打开"格式工厂"的输出目录,可以看到所有图片都变成了新的格式。

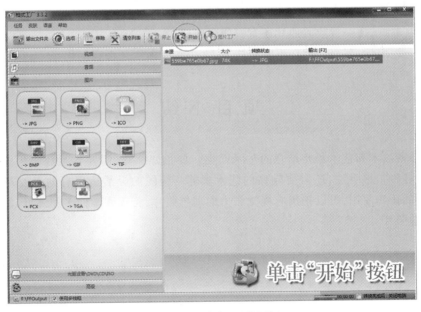

图 1-4-19　单击"开始"按钮

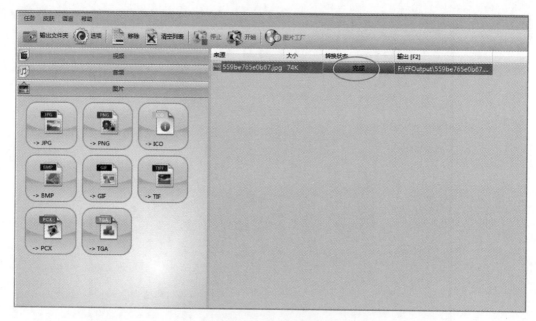

图 1-4-20 完成格式转换

任务小结

① 常见的数码照片格式有 JPG、TIF、GIF、FPX、RAW 等。
② 图像格式不同,它保存和压缩的方法和文件大小也不同。
③ 在使用数码相片时,要根据实际需求进行格式转换和存储。

任务拓展

① 利用互联网,搜一搜数码照片还有哪些图像格式。
② 拍摄一组照片,观察它们在不同格式下,大小和清晰度是否有变化。

项 目 小 结

摄影是一种技术和艺术紧密结合的艺术门类。要拍好照片,需要熟悉数码相机或手机的操作,熟练使用各种拍摄手法,还需要较高的艺术素养。构图的灵活运用有助于控制画面的表现力,配合景别的正确使用,可以拍出有视觉张力的理想照片,希望同学们多加练习,能根据主题拍出意境优美的照片。

项目 2　数码照片的编辑

项目描述

形形色色的照片,记录了来自不同地方、不同主体、不同时间和不同风格的美景。但由于拍摄主体的特征各不相同,照片中难免会出现倾斜、有多余物体等现象。又或者,我们想通过一些简单的处理,让这些美丽的照片更符合需求,这时我们可以对这些照片进行基本修复处理,也可以进行"抠图"等操作。

技能目标

① 掌握图片的基本编辑,包括倾斜修复、日期清除等。
② 掌握常见的"抠图"方法,并能熟练运用到不同的情况中。

任务 2.1　照片的拼合——壮丽山河

任务情景

小白在旅游时,发现了一处十分壮观的风景,可因为太大,只好把它拍成了几张小照片。让我们帮他把这些照片合在一起,重现壮丽的景观吧。

任务目标

把三张图片合成为一张大的完整图。素材如图 2-1-1、图 2-1-2、图 2-1-3 所示,最终效果如图 2-1-4 所示。

图 2-1-1　风景 1　　　　　　图 2-1-2　风景 2　　　　　　图 2-1-3　风景 3

图 2-1-4　效果图

知识链接

拍摄照片时,如果某个场景太大,相机一次不能拍到完整的画面,可以分几次进行拍摄,每次只拍摄其中的一部分。然后使用 Photoshop 中的 Photomerge 功能将图片自动合成为一个整体。但要注意,在拍摄时一定要保证每张照片中都有重叠的部分,这样才能更好地完成拼合操作。

技能目标

① 了解 Photomerge 功能。
② 掌握拼合图片的操作方法。

任务实施

① 启动 Photoshop CC 2019,单击"文件"→"自动"→"Photomerge"命令,在弹出的"Photomerge"对话框中,如图 2-1-5 所示,单击"浏览"按钮,选择项目 2 的素材图片"壮丽山河 1. jpg""壮丽山河 2. jpg""壮丽山河 3. jpg"。

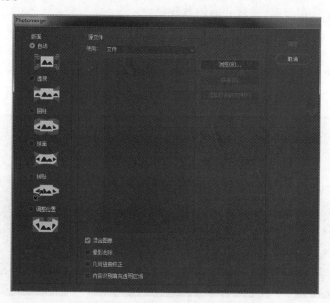

图 2-1-5　"Photomerge"对话框

② 单击"确定"按钮,Photoshop 将自动拼合图片,如图 2-1-6 所示。

图 2-1-6 自动拼合图片

③ 删除多余的部分,完成最终效果图,如图 2-1-4 所示。

任务拓展

使用 Photomerge 命令拼合图 2-1-7、图 2-1-8 和图 2-1-9。

图 2-1-7 风景 1

图 2-1-8 风景 2

图 2-1-9 风景 3

任务 2.2 照片的修正——高楼"改斜归正"

任务情景

小白公司的办公楼是当地的标志性建筑。现在需要在公司宣传手册上使用一张该办公楼的外观照,由于办公楼高大雄伟,很难拍摄完整,只能选取其他角度进行拍摄,由于拍摄位置原因,最终导致照片上的高楼呈倾斜状态。现在我们一起动手让办公楼"改斜归正"吧。

任务目标

将倾斜的楼房修正。素材如图 2-2-1 所示,最终效果如图 2-2-2 所示。

图 2-2-1 倾斜的高楼

图 2-2-2 效果图

知识链接

"标尺工具"是一种用来精准地测量及修正图像的工具。当用"标尺工具"拉出一条直线后,可以获得这条直线的详细信息,如直线的坐标、宽、高、长度、角度等,这些都是以水平线为参考的,有了这些数值,我们可以判断一些角度不正的图像偏斜角度,方便精确校正。

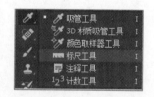

图 2-2-3 选择"标尺工具"

激活"标尺工具"的方法:在工具箱中单击"吸管工具"后,按住鼠标左键不放,选择"标尺工具",如图 2-2-3 所示。

选择"标尺工具"之后,其选项栏如图 2-2-4 所示,各项参数具体功能如下:

① X:使用"标尺工具"拉出的直线起点的 X 坐标。

② Y:使用"标尺工具"拉出的直线起点的 Y 坐标。

③ W：使用"标尺工具"拉出的直线的宽度（直线起点和终点所在垂直线的距离）。

④ H：使用"标尺工具"拉出的直线的高度（直线起点和终点所在水平线的距离）。

⑤ A：使用"标尺工具"拉出的直线与水平线之间的角度。

⑥ L1：使用"标尺工具"拉出的直线的长度。

⑦ L2：双击第一条直线的起点拉出的第二条直线的长度。

⑧ 使用测量比例：勾选"使用测量比例"复选框将在图像中设置一个与比例单位（如英寸、毫米或厘米）数相等的指定像素数。在创建比例之后就可以用选定的比例单位测量区域并接收计算和记录结果。

⑨ 拉直图层：将图层变换，使得"标尺工具"拉出的直线和水平线平行。

⑩ 清除：用于"清除标尺"工具拉出的直线。

图 2-2-4　"标尺工具"选项栏

在"标尺工具"的使用过程中，单击"编辑"→"首选项"→"单位与标尺"命令，可以对其进行单位查看和设置，如图 2-2-5 所示。

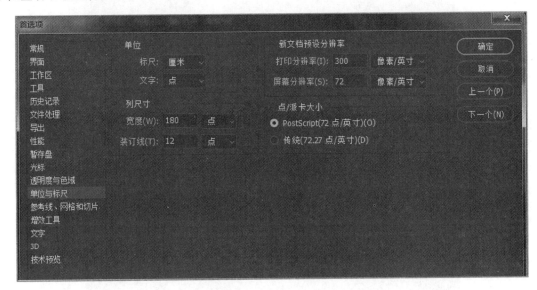

图 2-2-5　"首选项"对话框

"标尺工具"的操作非常简单，只需按住鼠标左键绘制一条直线，然后松开鼠标即可。绘制时，按住 Shift 键，可以完成水平线或垂直线的绘制。绘制完成后，如果想要修改，如端点的位置或标尺的长度方向等，可以使用鼠标直接拖动端点的方向进行。

技能目标

① 掌握"标尺工具"的使用。

② 掌握常见倾斜图片的修正方法。

任务实施

① 启动 Photoshop CC 2019,单击"文件"→"打开"命令,打开项目 2 素材图片"倾斜的高楼·jpg",如图 2-2-6 所示。

图 2-2-6　打开素材

② 按 Ctrl+J 组合键,复制"背景"图层,重命名为"修正"图层;隐藏"背景"图层,并选中"修正"图层,如图 2-2-7 所示。

图 2-2-7　复制图层

③ 在工具箱中右击"吸管工具",选择"标尺工具",在图片上拖曳鼠标,拉出一条直线,来拟合一条本该垂直或者水平的线,如图 2-2-8 所示。

④ 单击选项栏中的"拉直图层"按钮,软件自动修正图片位置,如图 2-2-9 所示。

⑤ 在工具箱中选择"魔棒工具",然后在选项栏中单击"添加到选区"按钮,点选图片中的透明区域,如图 2-2-10 所示。

图 2-2-8　拖出直线　　　　　图 2-2-9　修正　　　　　图 2-2-10　选择透明区域

⑥ 按 Shift+F5 组合键,打开"填充"对话框,进行参数设置,如图 2-2-11 所示。

⑦ 单击"确定"按钮之后,完成透明部分的填充,按 Ctrl+D 组合键取消选区,完成效果图制作,如图 2-2-2 所示。

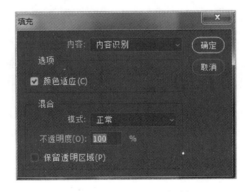

图 2-2-11　"填充"对话框

任务拓展

使用"标尺工具",将如图 2-2-12 所示的"不倒翁"摆正,然后再将如图 2-2-13 所示的房子修正。

提示:图 2-2-13 中因为涉及两个角度不一样的建筑物,为了在修正时不相互影响,可以选取需要修正的部分,并将其复制到单独的图层中进行操作。

图 2-2-12　不倒翁

图 2-2-13　房子

任务 2.3　照片的修复——隐藏照片上的秘密

任务目标

将数码照片上的日期清除。素材如图 2-3-1 所示,效果如图 2-3-2 所示。

图 2-3-1　任务 2.3 素材

图 2-3-2　任务 2.3 效果图

知识链接

1. 修复工具组

该工具组中包含:"污点修复画笔工具""修复画笔工具""修补工具""内容感知移动工具"和"红眼工具"。

（1）"污点修复画笔工具"

"污点修复画笔工具"可以快速去除照片中的污点,如疤痕、雀斑等。使用时不需要设置取样点,单击要修复的区域或拖动后松开即可。其选项栏如图2-3-3所示。

图 2-3-3 "污点修复画笔工具"选项栏

① 近似匹配:基于笔触外缘像素生成目标像素。
② 创建纹理:基于笔触范围内部的像素生成目标像素并且生成一种纹理效果。
③ 内容识别:在整幅图片中寻找一种更为接近的像素对目标区域进行修复。

（2）"修复画笔工具"

"修复画笔工具"将取样区域的像素复制到目标区域并智能修复边缘。使用时要先进行取样操作,方法是按住 Alt 键不放,在污点区域周围较好的位置单击鼠标左键,然后松开 Alt 键,点选污点(每修一个污点都要重新进行取样)。其选项栏如图2-3-4所示。

图 2-3-4 "修复画笔工具"选项栏

① 取样:根据取样的内容来修复目标位置像素(一般采用默认即可)。
② 图案:不需要取样,可以将目标区域用图案来替代,并智能修复明暗关系。
③ 对齐:未选中该复选框时,始终从源位置取样替代目标区域;选中该复选框时,会随着光标的移动自动更换取样位置(单击修复时有效,拖动时无效)。
④ 打开以在修复时忽略调整图层:如果图层中包含调整层,激活此按钮时,将忽略调整出来的结果色,以原图层色取样进行修复。

（3）"修补工具"

"修补工具"是用源样本来修复目标样本。其操作可以简单地理解为:像使用"套索工具"一样选中污点区域,然后用鼠标将选区拖动到较好的位置即可。其选项栏如图2-3-5所示。

图 2-3-5 "修补工具"选项栏

① 新选区:去除旧选区,绘制新选区。
② 添加到选区:在原有选区上增加新的选区。
③ 从选区减去:从原有选区中减去新选区。
④ 与选区交叉:选择新旧选区重叠的部分。
⑤ 源:用指定区域的图像修复选区内的图像。
⑥ 目标:与"源"相反,用选区内的图像修复指定区域的图像。

（4）内容感知移动工具

"内容感知移动工具"用于移动图片中的主体对象,并随意放置在合适的位置,移动后产生的空隙系统会自动进行智能填充。使用时,直接选中对象,拖动到合适的位置即可。其选项栏如

图 2-3-6 所示。

图 2-3-6 "内容感知和移动工具"选项栏

（5）"红眼工具"

"红眼工具"用于自动修复由闪光灯导致的瞳孔红色反光的图像。使用时直接用该工具单击红眼所在位置即可。其选项栏如图 2-3-7 所示。

图 2-3-7 "红眼工具"选项栏

2."仿制图章工具"

"仿制图章工具"主要用来对图像进行局部修复或复制。使用时先按住 Alt 键，单击鼠标进行取样，再把鼠标移动要复制图像的窗口中，选择一个点，然后按住鼠标拖动即可逐渐地出现复制的图像。其选项栏如图 2-3-8 所示。

图 2-3-8 "仿制图章工具"选项栏

技能目标

① 掌握常用的修复图片的方法。
② 掌握"修补工具""仿制图章工具"的使用方法。

任务实施

① 启动 Photoshop CC 2019，单击"文件"→"打开"命令，打开项目 2 素材图片"带日期的照片 .jpg"，如图 2-3-9 所示。
② 在工具箱中选择"修补工具"，如图 2-3-10 所示。

图 2-3-9 打开"带日期的照片 .jpg"

图 2-3-10 选择"修补工具"

③ 按住鼠标左键不放,围绕照片右下角的日期进行绘制,松开鼠标后,自动产生一个选区,如图 2-3-11 所示。

④ 拖动选区到背景内容相似的地方,如图 2-3-12 所示。当选区内出现满意的效果之后,松开鼠标,选区内的日期即被替换,如图 2-3-13 所示。

图 2-3-11　选区绘制　　　　图 2-3-12　拖动选区　　　　图 2-3-13　替换效果

⑤ 按 Ctrl+D 组合键,取消选区,完成效果图制作,如图 2-3-2 所示。

任务小结

① 在本任务中,修改部分的背景比较单一,所以处理过程比较简单。如果遇到比较复杂的背景,还需要结合多个工具、多种方法进行。

② 除了本任务中用到的"修补工具"之外,还有很多工具可以完成类似操作,如"污点修复画笔工具""修复画笔工具""内容感知移动工具""仿制图章工具"等,在实际的操作中,可以根据需要进行选择。

③ 本任务中的方法还可用于其他简单的图像修复,如祛除面部痘痘、照片水印等。

任务拓展

选用合适的工具,将如图 2-3-14 所示的照片中的日期去除。

图 2-3-14　带日期的风景

任务 2.4 照片背景的扩展——开阔视野

任务情景

小白去海边旅游时拍摄了很多竖屏照片,回来将照片导出后却发现看起来完全没有突显出大海的辽阔。于是想在保持人物大小不变的情况下,将大海变宽,让照片的视野开阔起来。

任务目标

在保持人物大小不变的情况下,将背景变宽。素材如图 2-4-1 所示,最终效果如图 2-4-2 所示。

图 2-4-1 旅游照

图 2-4-2 任务 2.4 效果图

知识链接

"内容识别缩放"命令主要影响没有重要可视内容区域中的像素,例如,可以让画面中的人物、建筑、动物等不出现变形,即在不破坏照片主体的前提下,改变照片背景大小。其选项栏如图 2-4-3所示。

| 旧 | □ | X: 326.50 像素 | △ | Y: 478.50 像素 | W: 100.00% | ∞ | H: 100.00% | 数量: 100% | 无 | 🚶 |

图 2-4-3 "内容识别缩放"命令选项栏

① 参考点定位符:单击参考点定位符上的小方块,可以指定缩放图像时要围绕的参考点。默认情况下,参考点位于图像的中心。

② 使用参考点相对定位:单击该按钮,可以指定相对于当前参考点位置的新参考点位置。

③ 参考点位置:可以输入 X 轴和 Y 轴坐标(单位为像素),将参考点放置于指定位置。

④ 缩放比例:输入宽度(W)和高度(H)的百分比,可以指定图像按原始大小的百分比进行缩放。激活"保持长宽比"按钮,可进行等比缩放。

⑤ 数量:指定内容识别缩放与常规缩放的比例。可在文本框中输入数值或单击箭头或移动

滑块来指定内容识别缩放的百分比。

⑥ 保护:可以选择一个选区,保证选区里的内容不会改变。也可以选择一个 Alpha 通道。通道中白色对应的图像不会变形。

⑦ 保护肤色:单击该按钮,可以保护包含肤色的图像区域,使之避免变形。

任务目标

① 掌握改变照片背景大小且保持主体不变形的方法。

② 掌握"内容识别缩放"命令的使用。

任务实施

① 启动 Photoshop CC 2019,单击"文件"→"打开"命令,打开项目 2 素材图片"旅游照.jpg"。

② 用鼠标双击"背景"图层进行解锁。

③ 单击"图像"→"画布大小"命令,设置参数如图 2-4-4 所示,完成画布扩展,如图 2-4-5 所示。

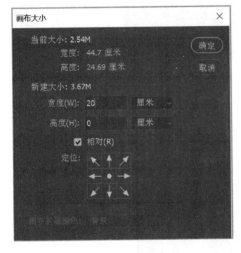

图 2-4-4　画布参数设置

图 2-4-5　画布扩展

④ 在工具箱中选择"快速选择工具",在其选项栏上单击"选择主体"按钮,得到人物选区,如图 2-4-6 所示。

图 2-4-6　人物选区

⑤ 单击鼠标右键,选择"存储选区"命令,如图 2-4-7 所示,打开"存储选区"对话框,输入选区名称,如图 2-4-8 所示。

图 2-4-7　选择"存储选区"命令

⑥ 按 Ctrl+D 组合键取消选区。

⑦ 单击"编辑"→"内容识别缩放"命令,在其选项栏的"保护"下拉列表框中选择刚刚创建的"人物"选区,如图 2-4-9 所示。

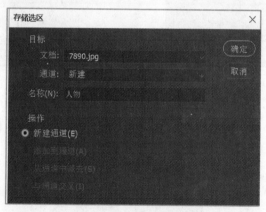

图 2-4-8　"存储选区"对话框

图 2-4-9　"保护"参数设置

⑧ 拖动图像两侧的手柄,使图像与画布重合,完成效果图的制作,如图 2-4-2 所示。

任务小结

通过本实例中的方法,可以在保持图片主体不变的情况下,改变图片的大小。但是此方法也有一定的局限性,一般适用于背景比较单一的照片。

任务拓展

将如图 2-4-10、图 2-4-11 所示的照片进行横向扩展。

图 2-4-10 背影

图 2-4-11 风景

任务 2.5 标准照的制作——快速"剪"出证件照

任务目标

一起动手,给动物萌宝制作标准证件照。素材如图 2-5-1 所示,最终效果如图 2-5-2 所示。

图 2-5-1 企鹅

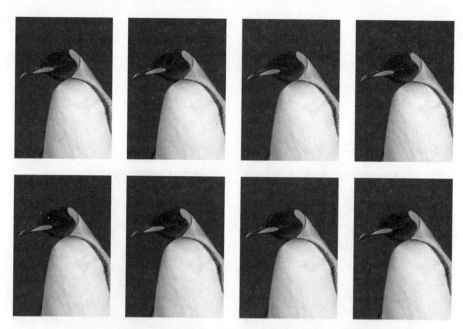

图 2-5-2　任务 2.5 效果图

知识链接

1. "裁剪工具"

"裁剪工具"可以将图片制作成自己需要的尺寸,重新定义画布的大小。其选项栏如图 2-5-3 所示。

图 2-5-3　"裁剪工具"选项栏

➤ 宽度、高度:用来设置裁剪后的宽度和高度,默认单位为厘米。

➤ 分辨率:用于调整裁剪图像的分辨率,默认单位为像素/厘米。

➤ 清除:单击该按钮能清除所有参数设置。

2. "钢笔工具"

"钢笔工具"用来绘制直线或平滑流畅的曲线路径,是一种非常精确的抠图工具,适合抠取边缘清晰、光滑的对象。

使用该工具在图像中单击一次可产生一个锚点,在不同的位置再次单击便会产生一个新的锚点,两个锚点之间会产生一条线段,根据连接锚点和路径线段的不同,可以绘制出多种类型的路径。

3. 常见照片尺寸(单位:cm)

➤ 小 1 寸:2.2×3.2　　1 寸:2.5×3.5　　大 1 寸:3.3×4.8

➤ 小 2 寸:3.5×4.5　　2 寸:3.5×4.9

➤ 5 寸:8.5×12.5　　6 寸:10×15　　8 寸:15×20

任务目标

① 掌握标准证件照的制作方法。

② 掌握"裁剪工具"的使用。

③ 掌握使用"钢笔工具"抠图的方法。

任务实施

① 启动 Photoshop CC 2019,单击"文件"→"打开"命令,打开项目 2 素材图片"正装照．jpg"。

② 在工具箱中选择"裁剪工具",并在其选项栏中进行参数设置,如图 2-5-4 所示。

图 2-5-4　裁剪参数设置

③ 在图片上调整裁剪框的位置,如图 2-5-5 所示。按 Enter 键确认裁剪操作,效果如图 2-5-6 所示。

图 2-5-5　调整裁剪框位置

图 2-5-6　裁剪效果

④ 复制"背景"图层,重命名为"未消除背景"图层,并将其放在"背景"图层上方,如图 2-5-7 所示。

⑤ 在"背景"图层上,使用"钢笔工具",沿着企鹅的轮廓绘制一个闭合路径,如图 2-5-8 所示。

图 2-5-7　复制图层

图 2-5-8　勾选动物

⑥ 按 Ctrl+Enter 组合键将其转换为选区。单击"选择"→"修改"→"收缩"命令,设置参数如图 2-5-9 所示;单击"选择"→"修改"→"羽化"命令,设置羽化参数如图 2-5-10 所示。

图 2-5-9　收缩选区　　　　　　　　　　图 2-5-10　羽化选区

⑦ 按 Ctrl+J 组合键,将选区复制到新图层,并命名为"动物"图层。隐藏其他所有图层之后,效果如图 2-5-11 所示。

⑧ 新建一个图层,放在"动物"图层下方,并命名为"蓝色背景"图层。将"前景色"设置为蓝色,按下 Alt+Delete 组合键进行填充,如图 2-5-12 所示。

图 2-5-11　动物效果　　　　　　　　　　图 2-5-12　填充背景

⑨ 设置"背景色"为白色,单击"图像"→"画布大小"命令,在弹出的"画布大小"对话框中设置参数,如图 2-5-13 所示。单击"确定"按钮,效果如图 2-5-14 所示。

图 2-5-13　"画布大小"对话框　　　　　　图 2-5-14　单张效果图

⑩ 单击"编辑"→"定义图案"命令,在弹出的对话框中输入名称。

⑪ 单击"文件"→"保存"命令,将该文件进行保存,命名为"标准证件照(单)"。

⑫ 单击"文件"→"新建"命令,设置新文件参数如图 2-5-15 所示。

⑬ 选择"油漆桶工具",在其选项栏中设置填充方式为"图案",并选中前面自定义的单张证件照图案,如图 2-5-16 所示。

图 2-5-15　参数设置

图 2-5-16　填充设置

⑭ 用油漆桶工具在画布上进行填充,得到最终效果,如图 2-5-2 所示。

任务小结

证件照的制作过程比较简单,如果照片背景比较复杂,则抠取人物部分需要花费一些时间。

"钢笔工具"是一种常用的抠图工具,但绘制路径时需要一定的技巧,多练习才能达到良好的效果。

任务拓展

利用如图 2-5-17、图 2-5-18 所示的素材图片制作成 2 寸红色背景的标准证件照。

图 2-5-17　海豹

图 2-5-18　海象

任务 2.6 化妆品海报的制作——让你更水灵

任务情景

小白亲戚的化妆品店新到了一批护肤品,想要小白帮忙做一组简单的宣传图片,用来放在宣传单或微信朋友圈中。于是小白帮忙拍摄了一组白色背景的照片。接下来,我们一起动手帮忙完成宣传图片的制作吧。

任务目标

将背景图片和护肤品照片合成在一起,做成一张简单的宣传图片。素材如图 2-6-1 和图 2-6-2 所示,效果如图 2-6-3 所示。

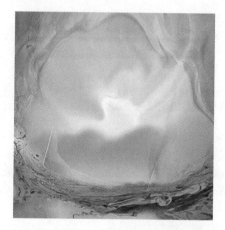

图 2-6-1 任务 2.6 背景

图 2-6-2 护肤品

图 2-6-3 任务 2.6 效果图

知识链接

"魔棒工具"是根据色彩范围来选取图像区域的工具。在图像中选取一点,与这一点颜色相同或相近的点将自动溶入选区中。所以比较适用于选择有大块颜色的图像。其选项栏如图2-6-4所示。

![图片：魔棒工具选项栏]

图 2-6-4　"魔棒工具"选项栏

① 容差:用来设置颜色选择的范围,取值范围为 0~255。容差值的大小直接决定选择的精度,其值越大,选择的相似颜色越多,精度也就越低;其值越小,选择的相似颜色越少,精度也就越高。

② 连续:只对连续像素选择。勾选该复选框,得到的选区是和鼠标落点处像素颜色相近且相连的部分。

技能目标

熟练掌握利用"魔棒工具"抠图的方法。

任务实施

① 启动 Photoshop CC 2019,单击"文件"→"打开"命令,打开项目 2 素材图片"护肤品·jpg"。

② 复制"背景"图层,在工具箱中选择"魔棒工具",并在其选项栏中单击"添加到选区",如图 2-6-5 所示。

![图片：魔棒工具选项栏设置]

图 2-6-5　"魔棒工具"选项栏设置

③ 在图片的白色部分进行单击,产生选区,如图 2-6-6 所示。

④ 按 Delete 键删除白色部分。隐藏"背景"图层,按 Ctrl+D 组合键取消选区,效果如图 2-6-7 所示。

图 2-6-6　产生选区

图 2-6-7　抠出的护肤品

⑤ 单击"文件"→"打开"命令,打开项目 2 素材图片"背景 . jpg"。将抠选出来的护肤品图像拖入其中,调整位置和大小,如图 2-6-8 所示。

⑥ 在工具箱中选择"横排文字工具",在背景上方输入文本"持续滋润　极致补水",设置字体和大小,如图 2-6-9 所示。

图 2-6-8　添加背景图

图 2-6-9　添加文本

⑦ 单击"图层"面板底部的"图层样式"按钮,给文字图层添加"投影"效果,其参数设置如图 2-6-10 所示。

⑧ 单击"确定"按钮,最终效果如图 2-6-3 所示。

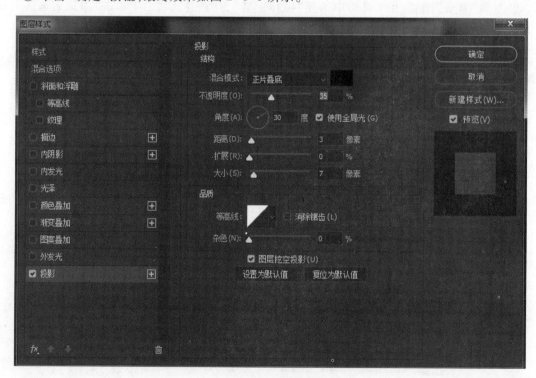
图 2-6-10　"投影"参数设置

任务小结

"魔棒工具"是基于色块进行选择的,当选择区域的色相变化不大并且与背景有一定差异时使用。

任务拓展

利用如图 2-6-11、图 2-6-12 所示的图片继续制作简单的宣传图片。

图 2-6-11　百雀羚　　　　　　　　　　　　　　　图 2-6-12　高夫

任务 2.7　宣传海报的制作——选手海报的制作

任务目标

将背景图片跟人物照片合成在一起,做成一张简单的选手宣传海报。素材如图 2-7-1 和图 2-7-2所示,效果如图 2-7-3 所示。

图 2-7-1　选手照　　　　　图 2-7-2　任务 2.7 背景　　　　　图 2-7-3　任务 2.7 效果图

知识链接

通道可为分复合通道、专色通道和 Alpha 通道。其中 Alpha 通道是存储选择区域的一种方法,此时的 Alpha 通道被称为选区通道,它是 3 种通道类型中变化最丰富、应用最广泛的一种。

通道的概念是由遮板演变而来的。在通道中,以白色表示要处理的部分(选择区域);以黑色表示不需要处理的部分(非选择区域)。

任务实施

① 启动 Photoshop CC 2019,单击"文件"→"打开"命令,打开项目 2 素材图片"选手照 . jpg",如图 2-7-1 所示。

② 按 Ctrl+J 组合键,将"背景"图层进行复制。

③ 单击"窗口"→"通道"命令,打开"通道"面板,如图 2-7-4 所示。

图 2-7-4 "通道"面板

④ 选中"蓝"通道,并将其复制,如图 2-7-5 所示(观察哪一个通道对比度最大,就复制哪一个)。

⑤ 按 Ctrl+L 组合键,进一步增强明暗对比度(最好把背景调成纯白色,但不要出现头发断掉的情况),如图 2-7-6 和图 2-7-7 所示。

图 2-7-5 复制通道

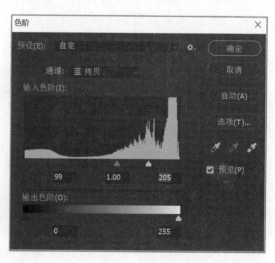

图 2-7-6 色阶

⑥ 用"画笔工具"将人物部分涂黑,将背景用白色画笔进行涂抹,发丝部分不需涂抹,如图2-7-8所示。

图 2-7-7　调整色阶后

图 2-7-8　涂抹

⑦ 按 Ctrl+I 组合键进行反相,如图 2-7-9 所示。

⑧ 按住 Ctrl 键并单击"蓝拷贝"通道缩略图,载入白色选区,如图 2-7-10 所示。

图 2-7-9　反相

图 2-7-10　载入选区

⑨ 回到"图层"面板,选中图像,按 Ctrl+J 组合键将选区进行复制,重命名为"抠图",隐藏其他图层后,效果如图 2-7-11 所示。

⑩ 在"抠图"图层下方新建一个"校验"图层,填充为黄色,可以看到抠图的效果,如图 2-7-12所示。

图 2-7-11　复制图层

图 2-7-12　抠图效果

⑪ 在工具箱中选择"加深工具""减淡工具",将发丝的部分进行仔细涂抹,最终抠图效果如图 2-7-13 所示(涂抹时,尽量按发丝方向进行)。

⑫ 单击"文件"→"打开"命令,打开项目 2 素材图片"任务 2.7 背景 .jpg",如图 2-7-14 所示。

图 2-7-13 涂抹发丝

图 2-7-14 添加背景

⑬ 将抠好的人物拖动到背景上,并设置位置和大小,如图 2-7-15 所示。

⑭ 给人物图层添加一个"图层蒙版",在蒙版中用透明度较低的黑色画笔对人物图片的下半部分进行涂抹,让其更加自然,如图 2-7-16 所示。

图 2-7-15 调整位置和大小

图 2-7-16 添加图层蒙版

⑮ 加上相应文字,适当地裁剪,完成海报制作,效果如图 2-7-3 所示。

任务小结

利用通道抠图时,如果遇到比较复杂的情况,如多种颜色的烟花,则需要分步进行抠取,可能会同时用到"红""绿""蓝"三个通道,甚至是其他的抠图工具。

任务拓展

将图 2-7-17 和图 2-7-18 中的人物抠出，并换上自己喜欢的背景。

图 2-7-17　长发美女

图 2-7-18　卷发美女

任务 2.8　抠图——冰块也任性

任务情景

小白的抠图技术跟摄影技术一样，有了突飞猛进的趋势。然而，今天的"小透明"给他带来了挑战……

任务目标

将透明冰块抠取出来，达到任意变幻背景的目的。素材如图 2-8-1 所示，最终效果如图 2-8-2 所示。

图 2-8-1　冰块

图 2-8-2　任务效果图

知识链接

图层蒙版是 Photoshop 的核心技术之一。它相当于在物体前面放一块玻璃,在玻璃上涂黑色时,物体变透明;在玻璃上涂白色时,物体显示;在玻璃上涂灰色时,物体半透明。简单来说,蒙版就是用黑白灰来表现透明状态,黑色为完全透明,白色为完全不透明,灰色为半透明。

技能目标

① 掌握抠取透明物体的基本方法。

② 掌握图层蒙版的运用。

③ 熟练使用"钢笔工具"。

任务实施

① 启动 Photoshop CC 2019,单击"文件"→"打开"命令,打开项目 2 素材图片"冰块 . jpg",如图 2-8-1 所示。

② 按 Ctrl+J 组合键,复制"背景"图层,并放在最上方,命名为"冰块"图层。

③ 隐藏"背景"图层。

④ 选中"冰块"图层,按 Ctrl+A 组合键,再按 Ctrl+C 组合键复制图层内容。

⑤ 单击"图层"面板底部的"添加矢量蒙版"按钮,给"冰块"图层添加图层蒙版,如图 2-8-3 所示。

⑥ 按住 Alt 键,单击图层蒙版缩略图,进入蒙版编辑状态;按 Ctrl+V 组合键,将刚刚复制的内容粘贴到图层蒙版中,分别如图 2-8-4 和图 2-8-5 所示。

图 2-8-3　复制图层

图 2-8-4　添加蒙版

图 2-8-5　粘贴到蒙版

⑦ 用"钢笔工具"沿冰块轮廓绘制路径,如图 2-8-6 所示;按 Ctrl+Enter 组合键将其转换为选区,如图 2-8-7 所示。

图 2-8-6　选择冰块

图 2-8-7　转换为选区

⑧ 按 Ctrl+Shift+I 组合键进行反选,如图 2-8-8 所示。

⑨ 将选区填充为黑色,并按 Ctrl+D 组合键取消选区,效果如图 2-8-9 所示。

图 2-8-8　反选

图 2-8-9　填充背景

⑩ 单击"冰块"图层,此时发现冰块已经被抠出,效果如图 2-8-10 所示。

图 2-8-10　抠出的冰块

⑪ 新建一个图层,填充为自己喜欢的颜色,并将其放置在"冰块"图层的下方,完成效果如图 2-8-2 所示。

任务小结

图层蒙版是一种对原图无损的抠图方法,很多透明的物体,如玻璃杯、婚纱等,或者毛发,都可以通过这种方法进行抠取。对于复杂的图片,还可以结合通道、"魔棒工具"等工具同时进行抠图,效果会更好。

任务拓展

对图 2-8-11 中的玻璃杯和图 2-8-12 中的玻璃瓶进行抠取。

图 2-8-11 玻璃杯

图 2-8-12 玻璃瓶

项 目 小 结

通过本项目的学习,学会使用"修复画笔工具""修补工具""仿制图章工具"和"裁剪工具"等对图片进行基本的编辑和处理。同时,要掌握不同的抠图工具的使用。面对具体的实例,想要达到良好的效果,需要对图片进行分析,再选择适合它的工具和方法,才能达到事半功倍的效果。

项目 3　数码照片的色彩调整

项目描述

我们在拍摄照片的时候,受自然光的影响,总会有一些照片在色调和色彩上出现偏差,有时我们还想对拍摄照片的色彩进行艺术化处理,达到我们想要的颜色。可是如何掌控照片的色彩,让我们在五彩缤纷的色彩世界里畅游呢? 在本项目中我们将一起学习使用 Photoshop 进行调色。

技能目标

① 掌握色彩的构成及成色原理。
② 认识并掌握直方图。
③ 掌握 Photoshop CC 2019 中调色的各种命令和方法。

任务 3.1　色阶的应用——明暗的世界

任务情景

小白在欣赏自己拍摄的照片时,发现有些照片太亮了,有些照片又太暗了,有些照片太灰了,有些照片颜色很难看,是什么原因造成的呢? 我们应如何修改这些照片的色彩呢? 接下来我们将一起探索。

任务目标

调整照片的曝光度,将原照片的曝光度降低。原照片如图 3-1-1 所示,调整后的效果如图 3-1-2所示。

图 3-1-1　任务 3.1 原图　　　　　图 3-1-2　任务 3.1 效果图

知识链接

1. 曝光

曝光是指照相机和有快门的设备,通过快门的开启,不同的明暗光线使人、景、物的影像在银盐胶片上生成潜影的过程。

2. 曝光的原则

在拍摄照片时,运用好特殊的光线可以拍摄出与众不同的效果。下面来看看曝光的一些原则:

① 确保两个被摄主体的亮度一致,以正确地表现它们的色彩关系。

② 明暗变化是强化画面艺术性的好方法,并且能使画面的色彩显得更艳丽。

③ 带有明显方向性的光线可以很好地提升画面的质感。

④ 曝光是一个综合性的问题,并不是简单地用测光表测量一下人物面部的亮度而已。

⑤ 在外景婚纱摄影拍摄人像时,要先考虑环境的曝光,再通过一些方法使人物与环境的亮度统一或有意强化不同。

3. 认识直方图

直方图是 Photoshop 中一个指示图像调整方向的工具,如图 3-1-3 所示。

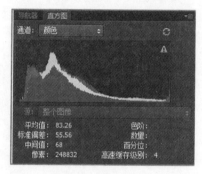

图 3-1-3　直方图

直方图是用图形表示图像的每个亮度级别的像素数量,展示像素在图像中的分布情况。直方图中显示了图像中阴影(在直方图的左侧部分显示)、中间调(在中部显示)以及高光(在右侧部分显示)的细节。直方图可以帮助我们确定某个图像是否有足够的细节来进行良好的校正。直方图还提供了图像色调范围或图像基本色调类型的快速浏览图。低色调图像的细节集中在阴影处,高色调图像的细节集中在高光处,而平均色调图像的细节集中在中间调处。全色调范围的图像在所有区域中都有大量的像素。识别色调范围有助于确定相应的色调校正。

4. 直方图的形态

(1) 常态

常态直方图是指图像的直方图色阶形态分布比较均匀,这类图像像素色阶分布在全色阶范围内,直方图上没有尖锐和突兀的尖峰,如图 3-1-4 所示。常态直方图是 RGB 模式下最常见的直方图形态。"常态"是相对"非常态"而言的,"常态"并不等于"正常",有些具有"常态"直方图形态的图像并不正常。反之,具有"非常态"直方图形态的图像也并不一定不正常。

(2) L 形

L 形直方图属于非常态直方图。直方图在暗调区域聚集了大量的像素的尖峰,整体形状像大写英文字母 L,如图 3-1-5 所示。具有 L 形直方图的图像基本上都是暗调图像。

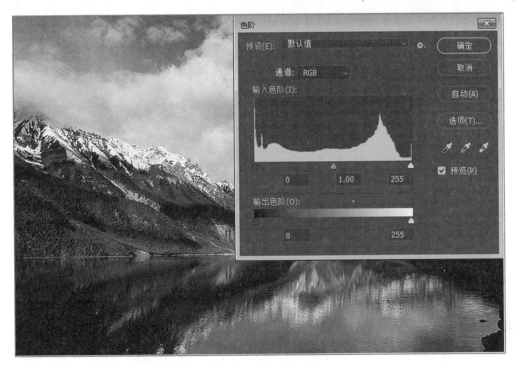

图 3-1-4　常态直方图

图 3-1-5　L 形直方图

（3）J 形

与 L 形直方图相对的是 J 形直方图，如图 3-1-6 所示。J 形直方图的尖峰位于直方图的右侧（高光区域），基本为高光图像。

（4）⊥形

⊥形直方图的尖峰位置处于直方图中央（中间调），具有这种直方图的图像往往具有大片的中间色调背景，如图 3-1-7 所示。如果专色通道的直方图尖峰错开位置，这种大片的中间色调就具有了某种颜色。

图 3-1-6　J 形直方图

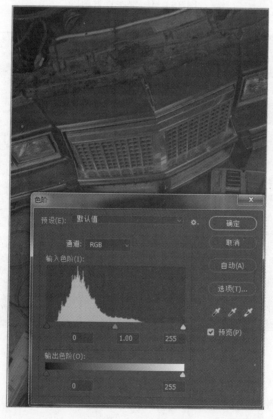

图 3-1-7　⊥形直方图

（5）△形

△形直方图的尖峰集中在直方图的中间区域（中间调），而在暗调和高光区域很少分布，由于像素色阶没有分布在全色阶范围内，因此图像往往表现出色调反差不足的情形，图像整体显得灰蒙蒙的，无精打采。俗称"灰调子"图像，如图3-1-8所示。

（6）~形

~形直方图大部分色阶是正常状态，但在高光区域有尖峰，整个直方图的形状有点类似于爬行的蜗牛，如图3-1-9所示。这种直方图的形状常常出现在风景图像上，尖峰所指示的区域往往是泛白的天空区域。

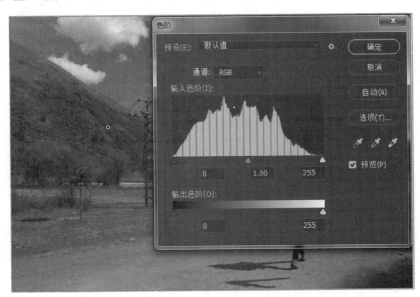

图3-1-8　△形直方图

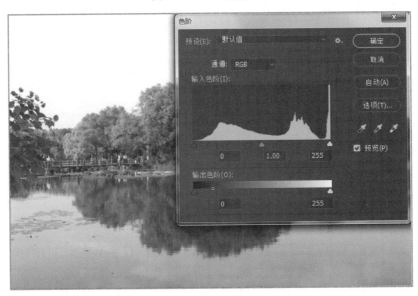

图3-1-9　~形直方图

（7）M 形

M 形直方图是一类让操作者陷入两难困境的直方图,如图 3-1-10 所示。像素色阶同时集中于图像的高光和暗调区域,但是本应是图像细节最丰富的中间调区域却很少有色阶分布。对于 M 形直方图,使用"暗调/高光"命令,图像能够快速得到处理,效果良好。

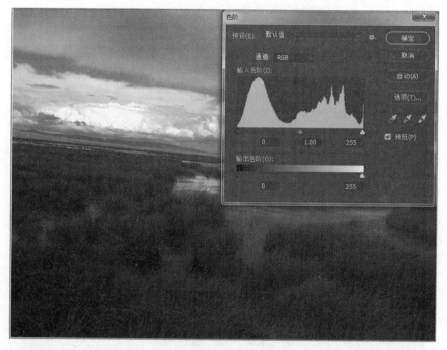

图 3-1-10　M 形直方图

5. 曝光过度

曝光过度是指由于光圈开得过大或曝光时间过长所造成的影像失真。

6. "色阶"

一般通过按 Ctrl+L 组合键或者单击"图像"→"调整"→"色阶"命令对图像的明暗进行设置,更多时候我们使用调整图层来调整,在"色阶"对话框中,可以通过观察对话框中的直方图来对图像的明暗进行判断,并且通过该对话框对图像的明暗进行调整。

技能目标

① 能通过直方图分析图像的色彩分布。

② 能使用"色阶"命令来修正图像的曝光问题。

任务实施

① 启动 Photoshop CC 2019,单击"文件"→"打开"命令,打开项目 3 素材图片"背影 . jpg",如图 3-1-11 所示。

② 选择"图层 1"图层,按 Ctrl+J 组合键,将"背景"图层复制,得到"图层 1 拷贝"图层,然后按 Ctrl+L 组合键或单击"图像"→"调整"→"色阶"命令,打开"色阶"对话框,如图 3-1-12 所示。

图 3-1-11　背影

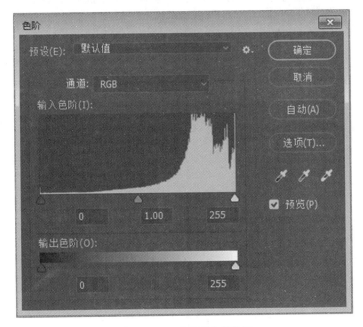

图 3-1-12　"色阶"对话框

③ 通过观察,我们发现,整个照片的暗调部分分布的像素太少,而高光部分分布的像素特别多,说明图像偏亮。设置"色阶"值为"60""1.00""255",增加图像暗调部分的像素,如图 3-1-13 所示。

④ 最终效果如图 3-1-2 所示。

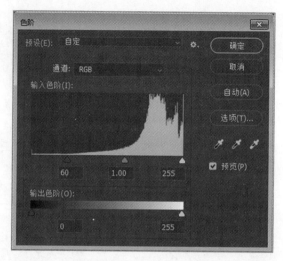

图 3-1-13　设置"色阶"值

任务小结

① 在用直方图判断图像曝光度时,只要没有像素缺失都不能直接说图像的曝光有问题。

② 在用直方图调整图像的曝光度时,不可矫枉过正。

任务拓展

通过本任务所学技能,使用直方图判断并调整图 3-1-14 的曝光度。

图 3-1-14　湖边石屋

任务 3.2　通道调色的应用——春意盎然

任务情景

小白在整理旅游时拍摄的风景照片时,发现很多照片缺乏生机,在网上查找原因后,才知道是照片的色彩饱和度不够,大家一起来帮帮他吧。

任务目标

调整图像的色彩饱和度,使图像色彩更鲜艳。本任务的原图如图 3-2-1 所示,效果图如图 3-2-2所示。

图 3-2-1 任务 3.2 原图

图 3-2-2 任务 3.2 效果图

知识链接

1. Lab 颜色模式

Lab 颜色模式是国际照明委员会(CIE)于 1976 年公布的一种颜色模式,是 CIE 组织确定的一个理论上包括人眼可见的所有颜色的颜色模式。Lab 颜色模式弥补了 RGB 与 CMYK 两种颜色模式的不足,是 Photoshop 中用来从一种颜色模式向另一种颜色模式转换时使用的中间颜色模式。Lab 颜色模式也是由三个通道组成:第一个通道是明度,即"L";a 通道的颜色是从红色到深绿;b 通道则是从蓝色到黄色。在表达色彩范围上,最全的是 Lab 颜色模式,其次是 RGB 颜色模式,最小的是 CMYK 颜色模式。也就是说,Lab 颜色模式定义的色彩最多,且与光线及设备无关,其处理速度与 RGB 颜色模式基本相同,比 CMYK 颜色模式快。

2. Lab 颜色模式的调色原理

Lab 颜色模式的"明度"通道就是亮度通道,对它进行调整时颜色不会发生变化。a 和 b 是颜色通道,对其进行调整,只有色彩会变化。

技能目标

① 能够将 RGB 颜色模式转换为 Lab 颜色模式。
② 能够进行通道的复制与粘贴。
③ 能够更改图层的混合模式。

任务实施

① 打开 Photoshop CC 2019,单击"文件"→"打开"命令,打开项目 3 素材图片"春色 .jpg",

如图 3-2-3 所示。通过分析,我们发现原稿图像色彩比较平淡,花草的明艳色彩没有表现出来,我们利用 Lab 调色的方法将色彩表现出来。

② 单击"图像"→"模式"→"Lab 颜色"命令,将图像由 RGB 颜色模式转换为 Lab 颜色模式,如图 3-2-4 所示。

图 3-2-3 春色

图 3-2-4 Lab 颜色模式

③ 按 Ctrl+J 组合键,复制"背景"图层,得到"图层 1"图层,如图 3-2-5 所示。

④ 打开"通道"面板,选中"a"通道,按 Ctrl+A 组合键,全选通道;按 Ctrl+C 组合键,复制"a"通道;选中"明度"通道,按 Ctrl+V 组合键,将"a"通道粘贴到"明度"通道,如图 3-2-6 所示。

图 3-2-5 复制图层

图 3-2-6 粘贴通道

⑤ 选中"Lab"通道,返回"图层"面板,发现图像发生了很大的变化,如图 3-2-7 所示。

⑥ 在"图层"面板中,将"图层 1"图层的混合模式设置为"柔光",如图 3-2-8 所示。

图 3-2-7　粘贴通道后效果

图 3-2-8　设置图层混合模式

⑦ 按 Ctrl+E 组合键,向下合并图层;再按 Ctrl+J 组合键,复制"背景"图层,得到"图层 1"图层。

⑧ 打开"通道"面板,选中"b"通道,按 Ctrl+A 组合键,全选通道;按 Ctrl+C 组合键或单击"编辑"→"拷贝"命令,复制"b"通道;选中"明度"通道,按 Ctrl+V 组合键,将"b"通道粘贴到"明度"通道。

⑨ 选中 Lab 通道,切换到"图层"面板,将"图层 1"的混合模式设置为"柔光"。

⑩ 单击"图像"→"模式"→"RGB 颜色"命令,将图像转换为 RGB 颜色模式,最终效果如图 3-2-2所示。

任务小结

① 因为用 Lab 模式存储图像,其格式没有 RGB 模式多,所以在存储图像前最好将 Lab 模式转换为 RGB 模式。

② 本实例主要是通过调整图像的色彩饱和度来使色彩更鲜艳。

③ 本实例的方法几乎适用于所有饱和度不足的图像。

④ 在 Lab 颜色模式下,将 a 通道复制到 b 通道能将图像调整为冷色调,将 b 通道复制到 a 通道,能将图像调整为暖色调。

通过本任务所学技能,调整图 3-2-9 和图 3-2-10 的图像饱和度。

图 3-2-9　人像　　　　　　　　　　　　　　图 3-2-10　紫韵

任务 3.3　色阶和色相环的应用——我的黑白场

任务情景

春暖花开的季节,小白照了很多花的照片,但有些照片的颜色不够多样,如何让照片的颜色更出"彩"呢?下面我们一起来探索。

任务目标

调整图像的色彩。原图如图 3-3-1 所示,效果图如图 3-3-2 所示。

图 3-3-1　任务 3.3 原图　　　　　　　　　　图 3-3-2　任务 3.3 效果图

知识链接

① 在"色阶"对话框的右侧有 3 种吸管工具,分别为"在图像中取样以设置黑场工具""在图像中取样以设置灰场工具"和"在图像中取样以设置白场工具"。使用它们可以在视图中重新定义最暗颜色、最亮颜色以及中间调。

② 在"色阶"对话框中,设置灰场的原理是将图像中选取的颜色转换为该颜色的对比色。具体参考如图 3-3-3 所示的 24 色色相环。

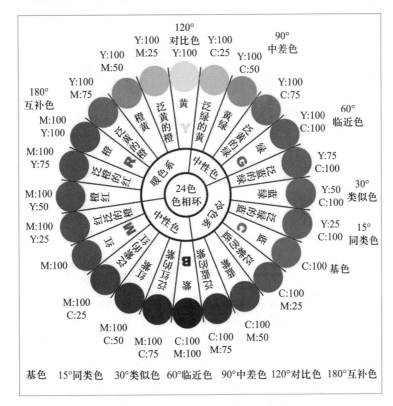

图 3-3-3　24 色色相环

技能目标

① 能在色相环中找到指定颜色的对比色。

② 能正确分析图像,并能使用"色阶"命令设置图像的黑白场。

③ 能正确设置图像的灰场以更改图像的偏色。

任务实施

① 启动 Photoshop CC 2019,单击"文件"→"打开"命令,打开项目 3 的素材图片"花.jpg",如图 3-3-4 所示。

② 按 Ctrl+J 组合键,复制"背景"图层,得到"图层 1"图层,如图 3-3-5 所示。

图 3-3-4 花

图 3-3-5 复制图层

③ 单击"图层"面板下方的"创建新的填充或调整图层"按钮,选择"色阶"命令,打开"色阶"命令的"属性"面板,如图 3-3-6 所示。

④ 单击"属性"面板左侧的"在图像中取样以设置黑场"按钮,并在图像最暗处单击,如图 3-3-7所示。

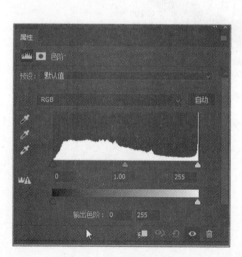

图 3-3-6 色阶"属性"面板

图 3-3-7 设置黑场

⑤ 单击色阶"属性"面板左侧的"在图像中取样以设置白场"按钮,并在图像最亮处单击,如图 3-3-8 所示。

⑥ 单击色阶"属性"面板左侧的"在图像中取样以设置灰场"按钮,并在花茎处单击,如图 3-3-9所示(由于花茎处颜色偏黄,所以调色后图像整体偏蓝)。

图 3-3-8　设置白场

图 3-3-9　设置灰场 1

⑦ 单击色阶"属性"面板左侧的"在图像中取样以设置灰场"按钮,并在花瓣处单击,如图 3-3-10所示(由于花瓣处颜色偏紫,所以调色后图像整体偏黄)。

⑧ 单击色阶"属性"面板左侧的"在图像中取样以设置灰场"按钮,并在木头材质处单击,如图 3-3-11 所示(由于木头处颜色为偏棕,所以调色后图像整体偏青绿)。

图 3-3-10　设置灰场 2

图 3-3-11　设置灰场 3

⑨ 通过以上调整,我们可以得到不同颜色的图像。

任务小结

① 使用"色阶"命令调色时,要分清图像的最暗处和最亮处,否则会影响图像的曝光度。

② 使用"色阶"命令设置图像的灰场时,要根据具体的颜色调整需要按照对比色的规律进行调整。

任务拓展

通过本任务所学技能,对图 3-3-12 和图 3-3-13 进行调色。

图 3-3-12 玫瑰花   图 3-3-13 羽扇豆

任务 3.4 图层与滤镜的应用——我的电影风格

任务情景

小白业余时间很喜欢看电影,也喜欢收集电影的宣传海报,看得多了,就也想将自己拍摄的照片做成电影风格的宣传海报,我们一起来做做。

任务目标

制作电影风格的宣传海报。原图如图 3-4-1 所示,效果图如图 3-4-2 所示。

图 3-4-1　任务 3.4 原图　　　　　　图 3-4-2　任务 3.4 效果图

知识链接

"颜色查找"命令的主要作用是对图像色彩进行校正；校正的方法有：3D LUT 文件（三维颜色查找表文件，精确校正图像色彩）、摘要、设备连接。可以通过 3D LUT 文件载入很多预设的效果，也可以在网上或者将自己制作好的预设效果导入进来，打造一些图像的特殊效果。

技能目标

① 能使用"颜色查找"命令调整图层，并体会 3D LUT 中预设的各种效果。
② 能使用"自然饱和度"命令或"自然饱和度"调整图层调整图像的色彩饱和度。
③ 能使用"可选颜色"命令或"可选颜色"调整图层调整图像的指定颜色。
④ 能使用"镜头校正"命令，对照片进行后期镜头校正。
⑤ 能使用"高反差保留"滤镜提升图像的锐化，从而提升图像的清晰度。

任务实施

① 启动 Photoshop CC 2019，单击"文件"→"打开"命令，打开项目 3 素材图片"瓦罐姑娘 . jpg"，如图 3-4-3 所示。
② 按 Ctrl+J 组合键，复制"背景"图层为"图层 1"图层，如图 3-4-4 所示。
③ 单击"图层"面板下方的"创建新的填充或调整图层"按钮，选择"色阶"，在弹出的色阶"属性"面板中，单击"自动"按钮，调整图像的对比度如图 3-4-5 所示。
④ 单击"图层"面板下方的"创建新的填充或调整图层"按钮，选择"颜色查找"，在弹出颜色查找"属性"面板中，将 3D LUT 文件选择为"filmstock_50.3dl"，并且勾选"仿色"复选框，图像自动模拟成胶片的效果，如图 3-4-6 所示。

图 3-4-3　瓦罐姑娘

图 3-4-4　复制图层

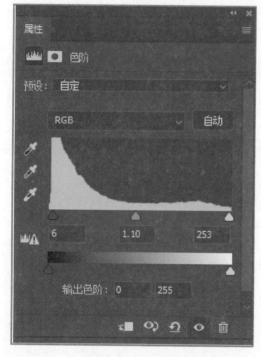

图 3-4-5　色阶

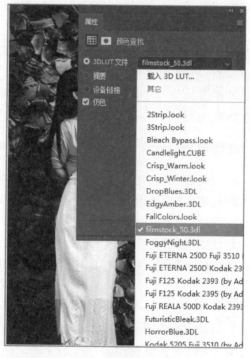

图 3-4-6　颜色查找

⑤ 单击"图层"面板下方的"创建新的填充或调整图层"按钮,选择"自然饱和度",在弹出的自然饱和度"属性"面板中,将自然饱和度设置为"80",如图 3-4-7 所示。

⑥ 单击"图层"面板下方的"创建新的填充或调整图层"按钮,选择"可选颜色",在弹出的可选颜色"属性"面板中选择红色,调整参数如图 3-4-8 所示。

图 3-4-7　自然饱和度

图 3-4-8　可选颜色

⑦ 按 Ctrl+Shift+Alt+E 组合键盖印所有图层,得到"图层 2"图层,单击"滤镜"→"镜头校正"命令,在打开的镜头校正对话框中,切换到"自定"选项卡,将晕影的数量设置为"-100",如图3-4-9所示。

⑧ 按 Ctrl+J 组合键,复制"图层 2"图层,得到"图层 2 拷贝"图层,如图 3-4-10 所示。

图 3-4-9　镜头校正

图 3-4-10　复制图层

⑨ 单击"滤镜"→"其他"→"高反差保留"命令,将高反差保留半径设置为"1.0 像素",如图3-4-11 所示。

⑩ 将"图层2拷贝"的图层混合模式调整为"柔光",如图3-4-12 所示。

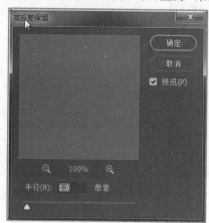
图 3-4-11　高反差保留

图 3-4-12　调整图层混合模式

⑪ 最终效果如图3-4-2 所示。

任务小结

① 使用"颜色查找"命令调整图层时,会有很多效果,要根据实际需要进行选择。
② 使用"可选颜色"命令在选择颜色时,要根据图像中需要更改的颜色来选择。
③ "镜头校正"滤镜中的"晕影"参数要根据具体要求设置。

任务拓展

通过本任务所学技能,把图3-4-13 制作成电影宣传海报。

图 3-4-13　姑娘

任务 3.5　图层蒙版的应用——享受宁静

任务情景

在一个暖暖的午后,小白躺在草地上静静地看看书,这是一幅多么惬意的画面……小白想用图像记录下这一时刻,让我们来帮他实现吧。

任务目标

制作冷色调的午后宁静场景图像效果。原图如图 3-5-1 所示,效果图如图 3-5-2 所示。

图 3-5-1　任务 3.5 原图　　　　　　　图 3-5-2　任务 3.5 效果图

知识链接

蒙版就是选框的外部(选框的内部就是选区)。常规的选区表现了一种操作趋向,即将对所选区域进行处理;而蒙版却相反,它是对所选区域进行保护,让其免于被修改,而对未选中区域进行操作。

Photoshop 中的蒙版通常分为三种,即图层蒙版、剪贴蒙版、矢量蒙版。Photoshop 蒙版是将不同灰度色值转换为不同的透明度,并作用到它所在的图层,使图层不同部位透明度产生相应的变化。黑色为完全透明,表示完全显示下一图层内容,白色为完全不透明,表示完全不显示下一图层内容,不同的灰色则表示不同透明度地显示下一图层内容。

技能目标

① 能用“色阶”命令或“色阶”调整面板调整图像的对比度。
② 能用“色彩平衡”命令或“色彩平衡”调整面板调整图像颜色。
③ 能根据操作需求熟练使用图层蒙版。

任务实施

① 启动 Photoshop CC 2019，单击"文件"→"打开"命令，打开项目 3 素材图片"阅读 . jpg"，如图 3-5-3 所示。

② 按"Ctrl+J"组合键，或者单击"图层"→"新建"→"通过拷贝的图层"命令，复制"背景"图层，得到"背景 拷贝"图层，如图 3-5-4 所示。

图 3-5-3　阅读

图 3-5-4　复制图层

③ 单击"图层"面板下方的"创建新的填充或调整图层"按钮,在弹出的快捷菜单中选择"色阶"命令,调整输入色阶的值为"45,0.5,255",如图 3-5-5 所示。

④ 单击"图层"面板下方的"创建新的填充或调整图层"按钮,在弹出的快捷菜单中选择"渐变映射"命令,选择黑白渐变,将本调整图层的不透明度设置为50%,如图 3-5-6 所示。

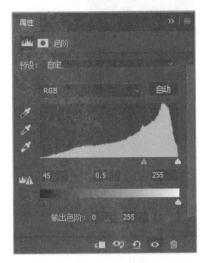
图 3-5-5　色阶

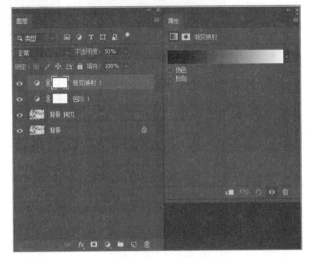
图 3-5-6　渐变映射

⑤ 单击"图层"面板下方的"创建新的填充或调整图层"按钮,在弹出的快捷菜单中选择"色彩平衡"命令,设置中间调的值为"-85,40,0",如图 3-5-7 所示。

⑥ 选择"画笔工具",设置前景色为黑色,选择"色彩平衡"图层的蒙版,在人物部分绘制,如图 3-5-8 所示。

图 3-5-7　色彩平衡

图 3-5-8　蒙版

⑦ 按 Ctrl+Shift+Alt+E 组合键,盖印所有可见图层,得到"图层 1",选中"图层 1",单击"滤镜"→"镜头校正"命令,切换到"自定"选项卡,将"晕映"设置为-100,如图 3-5-9 所示。

⑧ 选中"图层 1",按 Ctrl+J 组合键,得到"图层 1 拷贝"图层,单击"滤镜"→"其他"→"高反差

保留"命令,设置半径为"1",将"图层1拷贝"的图层混合模式调整为"柔光",如图3-5-10所示。

⑨ 最终效果如图3-5-2所示。

图3-5-9　镜头校正　　　　　图3-5-10　调整图层混合模式

任务小结

① 在对图像进行调色时,尽量使用调整图层,以避免将原图损坏。
② 在对图像进行调色时,多尝试使用不同的参数,可能会得到意想不到的效果。
③ 在调整图层上应用蒙版,可以将不需要改变的图像部分进行还原。

任务拓展

通过本任务所学调色技能,将图3-5-11和图3-5-12调整为冷色调图像。

图3-5-11　微笑　　　　　　　图3-5-12　花丛姑娘

任务 3.6 可选颜色的应用——给天空换个颜色

任务情景

在小白旅游时拍摄的照片中,有很多是在阴天时拍的,所以看不到蓝蓝的天空,但是我们可以在照片的后期处理中重新制作出蓝色的天空。

任务目标

将天空调成蓝色。原图如图 3-6-1 所示,效果图如图 3-6-2 所示。

图 3-6-1 任务 3.6 原图

图 3-6-2 任务 3.6 效果图

知识链接

① "可选颜色"命令或调整图层用于将图像中指定的颜色通过调整 CMYK 来改变为其他颜色。其中指定的颜色有红色、黄色、绿色、青色、蓝色、洋红、白色、中性色和黑色。

② 亮光混合模式通过增加或减小对比度来加深或减淡颜色,具体取决于混合色。如果混合色(光源)比 50% 灰色亮,则通过减小对比度使图像变亮;如果混合色比 50% 灰色暗,则通过增加对比度使图像变暗。

技能目标

① 通过"可选颜色"命令对图像进行颜色调整。
② 使用"亮光"图层混合模式来改变图像颜色。

任务实施

① 启动 Photoshop CC 2019 软件,单击"文件"→"打开"命令,打开项目 3 素材图片"湖 .jpg",如图 3-6-3 所示。

② 单击"图层"面板下方的"创建新的填充或调整图层"按钮,在弹出的快捷菜单中选择"可
选颜色"命令,设置"颜色"为"中性色",如图 3-6-4 所示。

图 3-6-3　湖

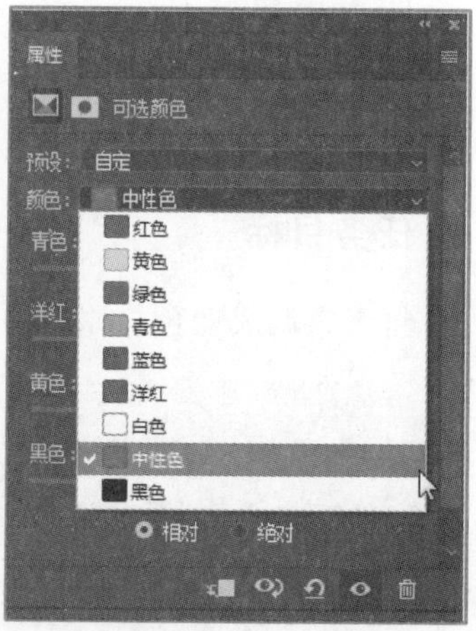

图 3-6-4　选择"中性色"

③ 在"可选颜色"的"属性"面板中将"青色"设置为"30%","洋红"设置为"30%",如图
3-6-5 所示。

④ 单击"图层"面板下方的"创建新图层"按钮,新建一个"图层 1"图层,如图 3-6-6 所示。

图 3-6-5　可选颜色

图 3-6-6　新建图层

⑤ 单击工具箱中的设置前景色工具,在"拾色器"中将前景色设置为(R:10,G:50,B:130)。

如图 3-6-7 所示,单击"确定"按钮。

⑥ 选中"图层 1"图层,将图层的混合模式调整为"亮光",如图 3-6-8 所示。

图 3-6-7 设置前景色

图 3-6-8 调整混合模式

⑦ 选择工具箱中的"画笔工具",选择硬度为 0 的笔触,如图 3-6-9 所示。

⑧ 选中"背景"图层,单击"选择"→"色彩范围"命令,在弹出的"色彩范围"对话框中,将"选择"设置为"高光",如图 3-6-10 所示,单击"确定"按钮,将天空的白云选出。

图 3-6-9 设置画笔

图 3-6-10 色彩范围

⑨ 单击"选择"→"反选"命令,如图 3-6-11 所示,选中白云外的部分。

⑩ 选中"图层 1"图层,用"画笔工具"在图像上部天空处进行绘制,如图 3-6-12 所示。

图 3-6-11 反选

图 3-6-12 绘制天空

⑪ 绘制完整个天空后,按 Ctrl+D 快捷键,取消选区,并将"图层 1"图层的不透明度改为"40%",最终效果如图 3-6-2 所示。

任务小结

① 对图像的局部进行颜色调整时,要考虑图像的整体色调是否一致,可通过"可选颜色"命令进行整体色调的调整,以使整个图像的色调一致。

② 合理使用图层的混合模式,可产生不同的效果。

③ 对图像的部分进行调色时,可将图像需要调色的部分先选出来,再进行调色操作。

任务拓展

通过本任务所学调色技能,调整图 3-6-13 和图 3-6-14 的天空颜色。

图 3-6-13 雪山

图 3-6-14 湖景

项 目 小 结

① 对图像进行调色有很多方法,但无论哪一种方法,首先都要分析清楚图像的色彩构成,建

议选择直方图工具分析图像的色彩构成。

　　② 通过对图像的分析,根据图像的特点和图像的预期效果,再来选择相应的命令或工具对图像进行调色,以达到相应的效果。

　　③ 在图像的调色过程中,可以尝试使用不同的参数,有时会得到意想不到的效果。

　　④ 在图像的调色过程中,一定要分析和思考所使用的命令或工具的原理和规律,只有掌握这些原理或规律,对图像调色才能得心应手。

　　⑤ 在使用 Photoshop CC 2019 调色时,一定要多练习、勤思考,不断打破常规进行尝试,才能不断进步。

　　⑥ 在 Photoshop CC 2019 中,软件自带一些调色教程,初学者不妨先观看学习,对后续的调色一定会有所启发。

　　⑦ 在使用 Photoshop CC 2019 调色时,多使用调整图层,将有利于后期的效果对比和修改。

项目 4 数码照片的网店应用

项目描述

在网络购物时,店铺装修的好坏决定了顾客进店的直观感受。通常店铺装修,是通过使用数码照片处理技术设计店铺页面,优化店铺视觉效果,提升网店整体形象。

本项目将从不同角度处理商品照片,优化设计作品,应用到淘宝美工中。

技能目标

① 掌握商品主图设计的流程。
② 掌握商品海报设计的创作方法。
③ 掌握商品店招设计的创作方法。
④ 能够独立完成店铺装修设计。

任务 4.1 设计能激发购买欲的主图

任务情景

小白之前掌握了 Photoshop CC 2019 中关于图片精修的技术,现在想通过对一家网店店铺进行装修设计来学习商品主图设计的流程。让我们一起来探索一下。

任务目标

设计并制作保温杯主图。素材如图 4-1-1 所示,效果图如图 4-1-2 所示。

知识链接

1. 黄金分割构图
参考本书任务 1.2 中介绍的构图方法。
2. 直线式构图
直线式构图是最简单的构图方式之一,它可以整齐、简约地将产品展示出来,其排列具有很强的规则性。这种构图方式可以将大小不同、颜色不同的产品进行对比排列,可以将多种颜色和各种尺寸的产品进行排列展示,如图 4-1-3 和图 4-1-4 所示。

图 4-1-1　任务 4.1 素材

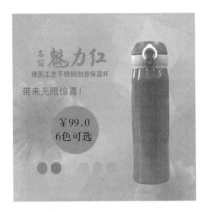

图 4-1-2　任务 4.1 效果图

图 4-1-3　直线式构图①

图 4-1-4　直线式构图②

3. 渐次式构图

渐次式构图使产品的展示更有层次感和空间感,使产品由大到小、由实到虚、由主到次进行排列,将重复的商品打造出层次感和空间感,使产品更有表现力,如图 4-1-5 和图 4-1-6 所示。

图 4-1-5　渐次式构图①

图 4-1-6　渐次式构图②

4. 三角形构图

参考本书任务 1.2 中介绍的构图方法。

5. 对称式构图

为了在视觉上突出主体,我们常常将主体放在画面的中间,左右基本对称,因为很多人喜欢把视平线放在中间,上下空间的比例大致均分。对称式构图具有平衡、稳定、相呼应的特点,但表现呆板、缺少变化,如图 4-1-7 和图 4-1-8 所示。

图 4-1-7　对称式构图①

图 4-1-8　对称构图②

6. 其他形式构图

对于颜色、式样繁多的同类型商品,卖家也可以使用各种摆拍方式,使商品的构图更加多样化,以此来吸引买家的眼球,如图 4-1-9 和图 4-1-10 所示。

图 4-1-9　其他构图①

图 4-1-10　其他构图②

技能目标

① 正确使用"套索工具"和"钢笔工具"抠图。

② 根据需求正确设置文字的属性。

任务实施

① 启动 Photoshop CC 2019,单击"文件"→"新建"命令,新建一个宽度为 28 cm、高度为 28 cm,分辨率为 300 像素/英寸,颜色模式为 RGB 颜色、32 位的文件,参数设置如图 4-1-11 所示,背景为白色,如图 4-1-12 所示。

图 4-1-11 新建文件参数

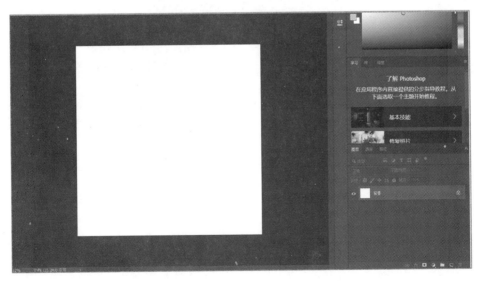

图 4-1-12 新建文件

② 启动 Photoshop CC 2019,单击"文件"→"打开"命令,在弹出的对话框中找到素材图片并将其打开。

③ 添加素材 1,将素材 1 拖动到刚刚创建的文件中,如图 4-1-13 所示,调整大小到合适位置;选中图层,调整其不透明度为 72%,如图 4-1-14 所示。

图 4-1-13 素材 1

图 4-1-14 调整素材不透明度

④ 添加素材 2,使用"磁性套索工具"将花朵选取并载入选区,如图 4-1-15 所示,按住 Ctrl+Shift+I 组合键进行反选,删除背景,如图 4-1-16 所示。

图 4-1-15 载入选区

图 4-1-16 删除背景效果

⑤ 裁去花朵的枝条,调整其花朵的大小如图 4-1-17 所示,分别调整"图层 2"图层的不透明度为 27%,"图层 2 拷贝"图层的不透明度为 30%,调整后的效果如图 4-1-18 所示。

图 4-1-17　调整大小

图 4-1-18　调整透明效果

⑥ 使用钢笔工具将水杯抠取出来,单击"调整"→"色阶"命令,调整色阶中的白场,如图 4-1-19所示。

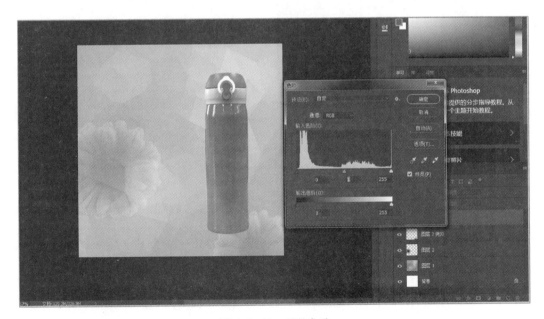

图 4-1-19　调整色阶

⑦ 输入标题文字和文案,如图 4-1-20 所示,调整位置,如图 4-1-21 所示。

图 4-1-20　输入标题及文字

图 4-1-21　调整位置

⑧ 选择多边形形状工具,设置边数为"66",选择"星形",设置"缩进边依据"为"10%",勾选"平滑缩进"复选框,设置如图 4-1-22 所示,填充颜色效果如图 4-1-23 所示。

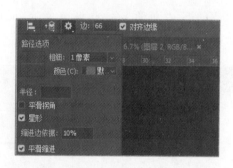

图 4-1-22　设置多边形参数

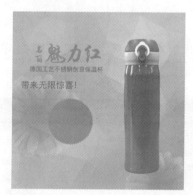

图 4-1-23　填充多边形

⑨ 绘制 6 种不同颜色的圆形,布局排列,如图 4-1-24 所示,输入文字,完成最终效果图,如图 4-1-25 所示。

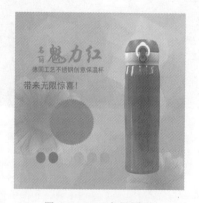

图 4-1-24　布局圆形

图 4-1-25　任务 4.1 最终效果图

任务小结

① 只有高品质的素材图片,才能更好地展示商品的优点和卖点,激起买家的点击欲。

② 掌握商品调色的相关知识点。

任务拓展

将图 4-1-26 和图 4-1-27 所示照片制作淘宝主图。

图 4-1-26 乒乓球拍

图 4-1-27 圆珠笔

任务 4.2 设计吸引眼球的海报

任务情景

小白收集了很多海报进行学习,发现海报设计是视觉传达的表现形式之一,通过版面的构成可以在第一时间将人们的目光吸引并获得瞬间刺激,所以海报设计讲究号召力和感染力,他跃跃欲试,想为生活佳品保温杯制作一张网店首页海报。

任务目标

设计并制作保温杯首页海报。素材如图 4-2-1 所示,效果图如图 4-2-2 所示。

知识链接

1. 海报的尺寸。

① 首页全屏海报,如图 4-2-3 所示。

宽:1 440 像素/1 680 像素/1 920 像素(高像素可兼容低像素)。

高:300~700 像素。

图 4-2-1　任务 4.2 素材

图 4-2-2　任务 4.2 效果图

图 4-2-3　首页全屏海报

② 自定义详情页中的海报,如图 4-2-4 所示。

宽:C 店 950 像素(B 店 990 像素)。

高:400~600 像素。

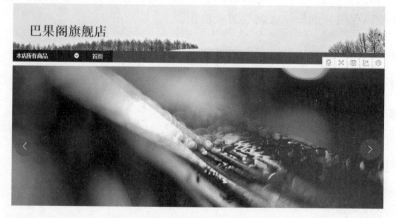

图 4-2-4　自定义页面普通海报

③ 宝贝详情页中的海报,如图 4-2-5 所示。

宽:C 店 750 像素(B 店 790 像素)。

高:200~400 像素。

2. 海报的主题

(1)店铺宣传

店铺宣传海报是指以宣传店铺品牌为主的海报设计,旨在提升店铺形象、优化店铺结构等,如图 4-2-6 所示。

图 4-2-5　宝贝详情页中的海报

图 4-2-6　店铺宣传海报

(2)商品宣传

商品宣传海报是指以某件或多件商品为主的海报设计,又可分为新品型海报、热卖型海报和促销型海报,如图 4-2-7 所示。

(3)品牌宣传

品牌宣传海报旨在宣传品牌,提升品牌形象,如图 4-2-8 所示。

图 4-2-7　商品宣传海报

图 4-2-8　品牌宣传海报

(4)会员宣传

会员宣传海报主要用于会员换购、会员日等,如图 4-2-9 所示。

技能目标

① 能用 Photoshop CC 2019 处理商品的素材。

图 4-2-9　会员宣传海报

② 掌握商品海报设计的创作方法。

③ 能通过制作案例海报完成其他商品海报的设计思路。

任务实施

① 启动 Photoshop CC 2019,单击"文件"→"新建"命令,新建一个图像文件,宽度为 950 像素,高度为 450 像素,分辨率为 300 像素/英寸,颜色模式为 RGB 颜色,32 位,参数设置如图 4-2-10所示,背景色为白色,如图 4-2-11 所示。

图 4-2-10　新建文件参数

图 4-2-11　新建白色背景的文件

② 添加素材,将素材 1 拖动到图像上,调整大小到合适位置,选中图层,单击"调整"→"色相/饱和度"命令,如图 4-2-12 所示。

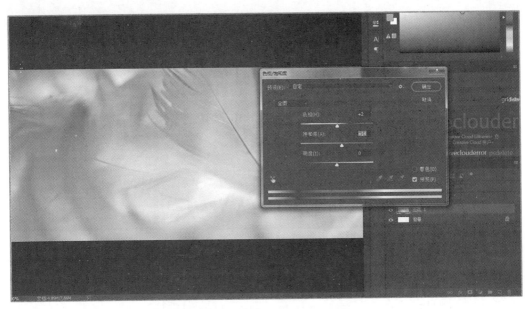

图 4-2-12　调整素材 1 的色相/饱和度参数

③ 添加素材 2,调整杯子的大小至合适的位置,复制一个图层,如图 4-2-13 所示,单击"选择"→"变换选区"命令,旋转并调整大小,将其放置于后层,如图 4-2-14 所示。

图 4-2-13　复制图层

图 4-2-14　调整图像大小效果

④ 新建"图层 3"图层,使用"矩形选框工具"绘制一个矩形并填充颜色 RGB(196,53,119),效果如图 4-2-15 所示。

⑤ 绘制一个矩形,填充颜色 RGB(226,23,41),如图 4-2-16 所示。

⑥ 输入标题文字,设置"FAVOR""宠爱"等文本字体为"汉仪超粗宋简",填充颜色 RGB(225,206,206),设置"点击购买"文本字体为"汉仪超粗宋简",填充白色,如图 4-2-17 所示。

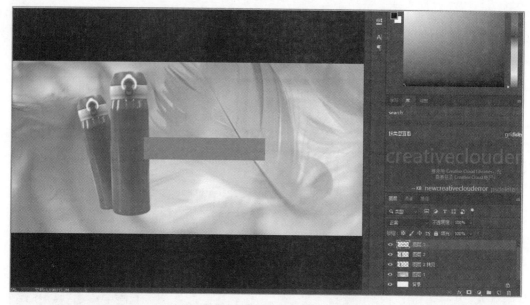

图 4-2-15　填充颜色

图 4-2-16　填充颜色

图 4-2-17　设置文本

⑦ 输入海报上面英文文本,设置字体为"汉仪超粗宋简",填充颜色 RGB(225,206,206),如图 4-2-18 所示。

⑧ 使用多边形工具绘制如图 4-2-19 所示的图形,填充颜色 RGB(243,35,54)并调整大小和位置。

图 4-2-18　制作文案

图 4-2-19　绘制装饰图形

⑨ 在图形上输入最后的文本"2020,the new sense"设置,字体为"汉仪超粗宋简",填充白色,如图4-2-20所示。

图 4-2-20　效果图

任务小结

① 确定海报主题。
② 掌握海报的排版原则:亲密、对齐、重复、对比。

任务拓展

① 搜索准备素材,为文具店设计一副海报。
② 搜索准备素材,为零食店设计一副海报。

任务 4.3　设计店铺的店招

任务情景

店招,即店铺的招牌,小白想用毕生所学将店铺的招牌好好规划设计一番,小白挑选了一个"爱生活"的日用生活店铺准备小试一手。

任务目标

设计并制作日用品店铺店招。效果图如图4-3-1所示。

图 4-3-1　任务 4.3 效果图

知识链接

1. 店招的作用

① 表明店铺所售物品或服务项目。

② 传递店铺的经营理念或品牌优势等。

③ 展示店铺的优势产品及服务。

2. 店招的尺寸

店招的尺寸一般为 990/950 像素×150/120 像素。

3. 店招的分类

① 以品牌宣传为目的的店招,如图 4-3-2 所示。

图 4-3-2　品牌宣传店招

② 以活动促销为目的的店招,如图 4-3-3 所示。

图 4-3-3　活动促销店招

③ 以产品推广为目的的店招,如图 4-3-4 所示。

图 4-3-4　产品推广店招

技能目标

① 能用 Photoshop CC 2019 处理商品的素材。

② 掌握商品店招设计的布局与规划。

③ 能通过制作案例完成其他店铺店招的设计思路。

任务实施

① 新建图像。启动 Photoshop CC 2019,单击"文件"→"新建"命令,新建一个图像文件,宽度为 950 像素,高度为 150 像素,分辨率为 300 像素/英寸,颜色模式为 RGB 颜色,32 位背景色为白色,参数设置如图 4-3-5 所示,效果如图 4-3-6 所示。

图 4-3-5　新建文件参数

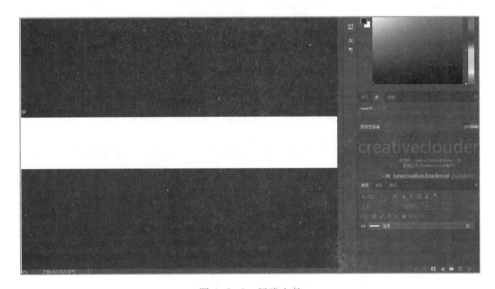

图 4-3-6　新建文件

② 制作导航条。在新建的图像的底部,使用矩形选框工具,绘制高为 30 像素的矩形选区,填充颜色 RGB(R:227,G:110,B:120),如图 4-3-7 所示。

图 4-3-7　制作导航条

③ 输入如图 4-3-8 所示的分类栏目。

图 4-3-8　分类栏目

④ 添加店标,打开之前设计完成的店标,按照之前规划好的位置调整摆放,如图 4-3-9 所示。

图 4-3-9　添加店标

⑤ 输入店铺名称及店铺口号,设置字体大小、颜色与位置,如图 4-3-10 所示。

图 4-3-10　添加店名及口号

⑥ 制作优惠券。使用矩形工具、圆角矩形工具及描边等操作,完成优惠券的底纹绘制,如图 4-3-11 所示。

图 4-3-11　制作优惠券

⑦ 制作收藏按钮。使用"椭圆选框工具"绘制一个正圆,并填充蓝色,输入文本"藏";使用"画笔工具"绘制 1 像素宽的线条,输入文本"点击收藏",如图 4-3-12 所示。

图 4-3-12　收藏按钮效果

任务小结

① 掌握店招设计的规划与布局。
② 制作店招的注意事项。

任务拓展

① 收集素材,设计电器产品店招。
② 收集素材,设计男士衣服店招。

任务 4.4　设计详情页

任务情景

小白发现店铺最热销的产品是保温杯,于是决定制作该商品的详情页。

任务目标

设计并制作保温杯首页海报。素材如图 4-4-1 所示,效果图如图 4-4-2 所示。

图 4-4-1　任务 4.4 素材

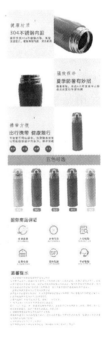

图 4-4-2　任务 4.4 效果图

知识链接

1. 详情页的尺寸

在详情页中,如果屏数过多、详情页过长或者图片质量过高,都会导致客户端浏览速度过慢,让客户产生厌烦感。因此,对于 PC 端来讲,一屏的高度大约为 800 像素,而宽度,淘宝网规定了C 店和 B 店宽度分别为 750 像素和 790 像素。

2. 详情页的内容模块

(1)商品的基本信息表

例如,某水杯的基本信息表,详见图 4-4-3 所示。

品牌名称:ECOTEK/怡可

产品参数:

产品名称:ECOTEK/怡可 EC-ZDT-48...	品牌:ECOTEK/怡可	型号:EC-ZDT-480-1
材质:316不锈钢	容量:401mL(含)-500mL(含)	风格:欧式
产地:中国大陆	流行元素:纯色	适用空间:户外
颜色分类:苹果绿 西柚橙 奶椰白 柠檬...	毛重:0.4kg	用途:保温杯
主图来源:自主实拍图	杯子容量值:480ml	保温性能描述:60度以上6小时
适用场景:旅行	保温时长:12小时(含)-24小时(不含)	杯子样式:直身杯
适用人群:大众		

图 4-4-3 某水杯的基本信息表

(2)关联促销

关联促销是指在一个商品详情页里放进另外一个或几个其他产品的促销信息或店铺优惠信息等。

① 热销产品推荐:如图 4-4-4 和图 4-4-5 所示。

图 4-4-4 热销产品推荐 1

图 4-4-5 热销产品推荐 2

② 店铺促销活动:例如,关注店铺返优惠、店铺优惠券(图 4-4-6)、抽奖活动(图 4-4-7)、打折活动、满减活动等。

图 4-4-6　店铺优惠券

图 4-4-7　抽奖活动

（3）商品焦点图

商品焦点图是指展示品牌、产品特色、热销情况、产品升级、促销信息并且能够激发客户购买欲的图片,通常以海报形式展示,如图 4-4-8 所示。

（4）商品整体展示

商品整体展示可以分为场景图和摆拍图两种。

场景图就是商品的使用场景、使用效果、让客户了解商品是否适合自己,如图 4-4-9 和图 4-4-10 所示。而我们常见的衣服,最普遍的场景图就是模特穿着效果图。

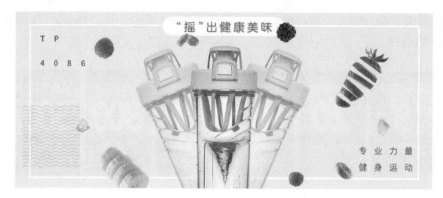

图 4-4-8　某水杯焦点图

图 4-4-9　汽车内饰场景图

准备好食材，大米淘洗后用冷水浸泡1小时。

鱼肉切丁，鱼肉和虾仁分别加适量盐、白胡椒粉、料酒，搅拌均匀腌制15分钟，蟹棒切小段、生姜切丝、小葱切葱花。

将腌制好的鱼肉放入焖烧罐，注入沸水焖30秒后，将水倒出。

二次预热，放入虾仁、蟹棒、大米和姜丝，加沸水焖一会儿后，将水倒出。

图 4-4-10　某水杯场景图

摆拍图以突出产品为主,通过简单的背景对商品进行实拍,比较适合数码产品、鞋、包、家居用品等小件物品,如图 4-4-11 和图 4-4-12 所示。

图 4-4-11　某手机背面摆拍图

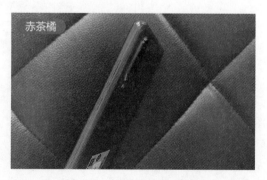

图 4-4-12　某手机侧面摆拍图

（5）商品细节展示

商品细节展示可近距离展示商品亮点,通过细节实拍图和简短的文字,清晰地展示商品的材质、图案、做工、功能等各种细小部分,如图 4-4-13 和图 4-4-14 所示。在进行商品细节展示时可利用放大镜的功能突出商品的卖点。

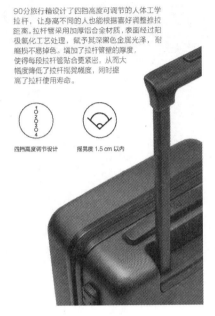

图 4-4-13　某行李箱细节图 1　　　　图 4-4-14　某行李箱细节图 2

（6）商品规格参数

商品规格参数包含货号、产地、颜色、材质、规格、重量、洗涤建议等,提供这些信息能有效减少客服工作量,如图 4-4-15 和图 4-4-16 所示。

图 4-4-15　某零食规格参数　　　　图 4-4-16　某果泥规格参数

（7）品牌说明

通过一系列的理念、品牌介绍,让买家觉得该品牌质量可靠,烘托品牌实力,如图4-4-17所示。

图4-4-17　某家居的品牌介绍

（8）搭配推荐

搭配推荐可以是搭配套餐、同款推荐、穿搭建议等,这样可以让客户购买更多的商品,提高成交额,如图4-4-18所示。

图4-4-18　某灯饰的搭配推荐

（9）包装展示

商品规格参数包含货号、产地、颜色、材质、规格、重量、洗涤建议等,提供这些信息能有效减少客服工作量,如图4-4-19和图4-4-20所示。

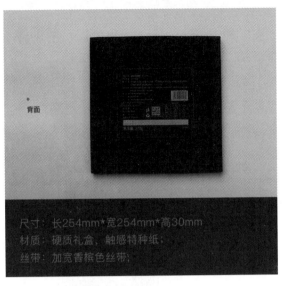

图 4-4-19 包装尺寸展示　　　　　　　图 4-4-20 包装规格参数

3. 产品详情页类型

产品详情页有很多种类型,不同类型的详情页有着不同的优势,侧重点也不同。不同的产品做不同的详情页,可以更好地展示产品,大大提高转换率。

(1) 符号型产品详情页

对于有特殊意义的产品,可以以产品为载体,传达产品的内在意义,引起买家共鸣。比如鲜花,主要是花语,突出花语的价值就是这件产品的独特之处,如图 4-4-21 和图 4-4-22 所示。

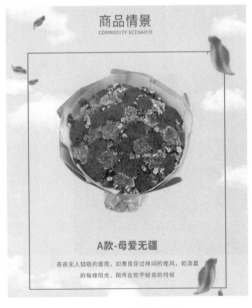

图 4-4-21 鲜花详情页 1　　　　　　　图 4-4-22 鲜花详情页 2

（2）功能型产品详情页

这种类型的详情页主要体现产品功能,比如:护肤品的使用效果、家用电器和数码产品的功能介绍,如图 4-4-23 和图 4-4-24 所示。

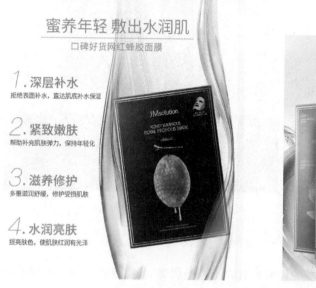

图 4-4-23　面膜详情页 1　　　　　　　　　　　　　　图 4-4-24　面膜详情页 2

（3）感觉型产品详情页

这种类型的详情页主要给买家身临其境的感觉。比如产品是轻薄长裙,在详情页展示模特在海滩上穿着长裙,海风吹过,轻摆飘动,将买家带入海边度假的意境,如图 4-4-25 和图4-4-26所示。

图 4-4-25　长裙详情页 1　　　　　　　　　　　图 4-4-26　长裙详情页 2

（4）服务型产品详情页

比如免费送货上门、免费安装、各种有保障的售后服务等,如图 4-4-27 和图 4-4-28 所示。

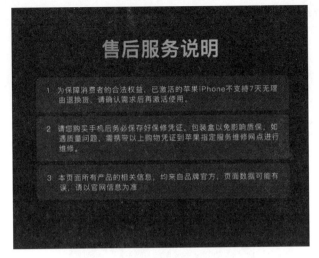

图 4-4-27　售后说明详情页

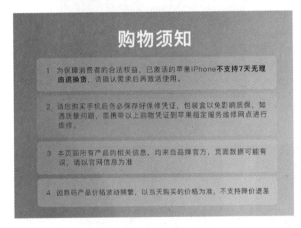

图 4-4-28　购物须知详情页

技能目标

① 掌握网店详情页的设计流程。
② 掌握网店详情页的制作方法。
③ 能通过制作案例主图完成网店详情页设计。
④ 使用创建剪贴蒙版制作淘宝电商的细节展示图。
⑤ 掌握"色阶""色相/饱和度"命令的灵活使用。

任务实施

① 启动 Photoshop CC 2019,单击"文件"→"新建"命令,新建一个宽度为 750 像素、高度为 5630 像素、分辨率为 72 像素/英寸、颜色模式为 RGB、8 位的图像文件,背景色为白色,参数设置

如图 4-4-29 所示,新建文件如图 4-4-30 所示。

图 4-4-29 新建文件参数

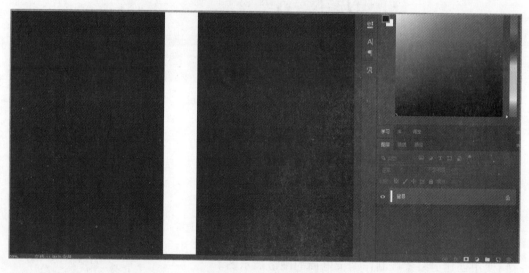

图 4-4-30 新建文件

② 图像高度按照详情页后期设计的需要继续增加,高度增加方法:单击"图像"→"画布大小"命令,修改高度为所需要的高度,定位点击向上箭头,如图 4-4-31 所示,继续单击"视图"→"标尺"命令,将画布背景分屏,如图 4-4-32 所示。

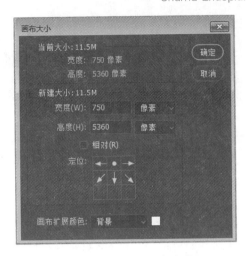

图 4-4-31　调整画布参数

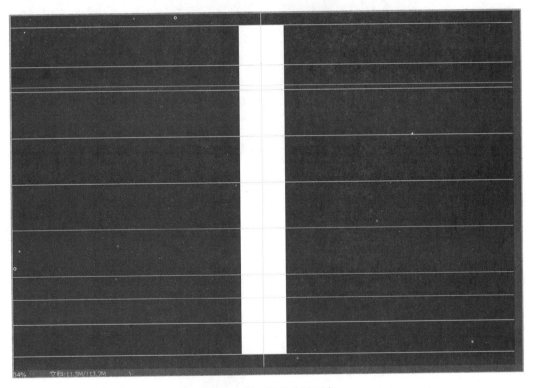

图 4-4-32　标尺分屏画布

③ 制作核心卖点焦点图,新建组命名为"首屏",打开素材"杯子.jpg",使用魔法棒工具选取并载入选区,按住 Ctrl+Shift+I 组合键反选,删除背景,如图 4-4-33 所示,新建"图层 1"图层,将素材拖到首屏,调整图像大小及位置如图 4-4-34 所示。

④ 添加素材"水滴.jpg",调整水滴的大小及位置,如图 4-4-35 所示,选择"横排文字工具",输入文本"直饮式杯口,防烫防漏 简单便捷",调整文字的大小及位置如图 4-4-36 所示。

图 4-4-33　保温杯焦点图

图 4-4-34　调整焦点图位置

图 4-4-35　导入素材

图 4-4-36　布局文字

⑤ 导入素材"绿色.psd",调整大小及位置,效果如图 4-4-37 所示,隐藏组"首屏",新建组"控温保暖",使用"横排文字工具"输入文字,如图 4-4-38 所示。

图 4-4-37　导入素材

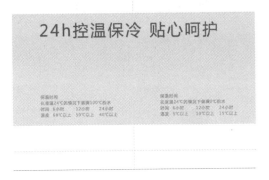

图 4-4-38　布局文字

⑥ 使用"矩形选框工具"绘制矩形填充颜色 RGB(208,209,217),如图 4-4-39 所示,绘制圆形及文字,效果如图 4-4-40 所示。

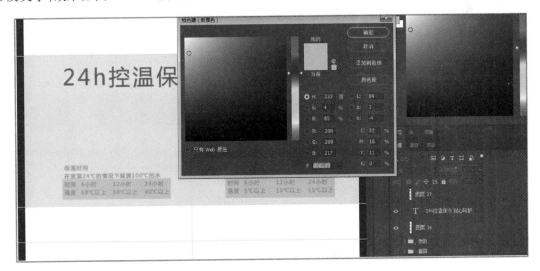

图 4-4-39　填充矩形框颜色

图 4-4-40　调整矩形框透明度

⑦ 隐藏组"控温保暖",新建组"参数",制作产品信息,效果如图 4-4-41 所示,使用直线工具,按住 Shift 键,标注产品的尺寸,如图 4-4-42 所示。

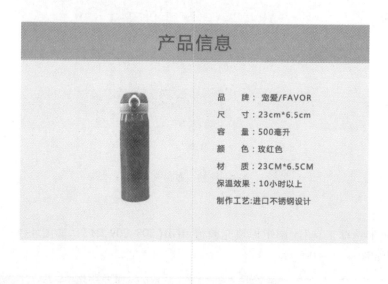

图 4-4-41 产品参数

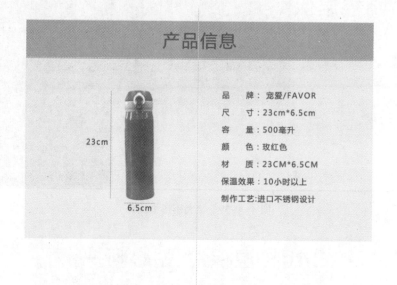

图 4-4-42 标注产品尺寸

⑧ 新建组"一键设计",使用创建剪贴蒙版制作部件细节,效果如图 4-4-43 所示的,使用文字工具输入文字,效果如图 4-4-44 所示。

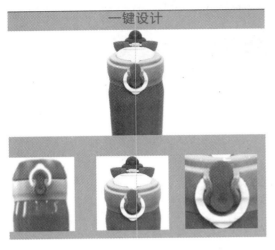
图 4-4-43　细节展示

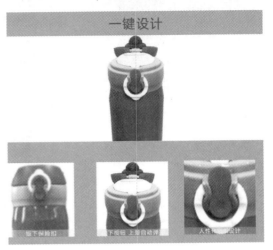
图 4-4-44　输入文字

⑨ 新建组"细节 1",效果如图 4-4-45 所示,新建组"细节 2",效果如图 4-4-46 所示。

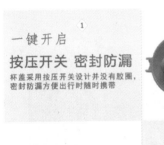

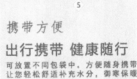

图 4-4-45　细节展示图 1

图 4-4-46　细节展示图 2

⑩ 完成细节展示,效果如图 4-4-47 所示,隐藏组"细节 1"和"细节 2",新建组"五色可选",单击"图像"→"调整"→"色相/饱和度"命令,调整色相,更改杯子的颜色,效果如图 4-4-48 所示。

图 4-4-47　细节效果图

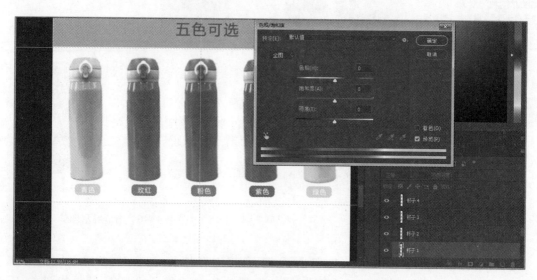

图 4-4-48　调整杯子颜色

⑪ 最后新建组"国际商品保证"和组"温馨提示",导入素材"图标.jpg",调整大小及位置,效果如图 4-4-49 所示,排版相关文案,效果如图 4-4-50 所示。

国际商品保证

全球直采
深入当地曲采好货

好货低价
摩接与供应商谈价格

入仓检验
宝神入仓复检·质检

自营仓储
自动收管理分拣等品

顺丰配送
顺丰物流配送到家

专业客服
贴心服务让购物无忧

图 4-4-49　制作商品国际保证

温馨提示

1. 唯品国际的消费者需要提交身份证信息
海关要求公民个人包裹办理入境清关手续需提交收件人身份证明。您初次提交订单后，系统会提示您填写身份证号码，我们会高度加密后提交海关验证。整个过程受到国家监管，绝对安全且确保您的隐私!您只需一次性填写，便可终身享受海外精选商品清关服务。
2. 国际订单需要在线支付不支持货到付款
我们会为您处理清关事务时，支付信息需要提交海关比对审核，因此需要您在线完成订单支付。
3. 海外直邮和保税仓发货2种发货方式
大部分国际订单为保税仓发货，通常3-6天送达。
4. 用户订单一经海关审核通过便无法撤消
用户一下订单后，为了极速清关给用户发货，便送用户订单信息到海关审核，因此订单一旦经海关审核通过，您的订单将无法取消，请您见谅。
5. 跨境电商售卖的商品不支持开个人发票
跨境电商售卖的商品因是海外商品，国外发票普遍以小票的形式存在的，装箱单的商品清单就是海外形式的"发票"。
6. 周末国际保税仓正常工作发货
您不用担心周末下单包裹发货延迟，因为国际保税仓周末亦正常工作。

图 4-4-50　制作温馨提示

⑫ 保存文档,完成详情页,效果如图 4-4-2 所示。

任务小结

① 分析详情页的类型,掌握设计与制作方向。
② 掌握详情页设计的基本内容。

任务拓展

根据本任务所学知识,设计自己店铺中一款产品的详情页,主题、文案、配色根据店铺需要自拟。

项 目 小 结

通过本项目的展示,使用 Photoshop CC 2019 处理淘宝美工中的主图、海报以及店招,无论从技能还是对店铺装修的整体布局与设计,都受益匪浅,希望大家多多参与更多真实案例的设计,锻炼自己的能力。

项目 5　创意艺术照片的制作

项目描述

随着生活质量的提高,人们越来越重视艺术照片的拍摄与后期制作的效果。为了使艺术照片更有意境,往往需要进行一些后期的处理,在本项目中,我们将介绍使用 Photoshop CC 2019 处理图片。

技能目标

① 掌握艺术照片的创意处理方法。
② 能综合使用 Photoshop CC 2019 的各种工具实现创意效果。

任务 5.1　制作个性大头婚纱模板

任务情景

小白为一对新婚夫妇拍摄了婚纱照片,但感觉较为单调,没有特别之处。新婚夫妇喜欢比较年轻、有个性化的照片风格。小白思索后,决定制作大头效果的婚纱照。下面我们一起用 Photoshop CC 2019 来进行艺术照片的创意制作。

任务目标

掌握大头效果的制作,使用 Photoshop CC 2019 中的"钢笔工具"、图层蒙版综合完成创意制作。原图如图 5-1-1 所示,效果图如图 5-1-2 所示。

知识链接

1."钢笔工具"
"钢笔工具"是 Photoshop 中用来创建路径的工具,创建路径后,还可再编辑。"钢笔工具"属于矢量绘图工具,其优点是可以勾画平滑的曲线,在缩放或者变形之后仍能保持平滑效果。在"路径"面板中找到绘制好的钢笔路径,然后"创建生成选区",用 Photoshop CC 2019 钢笔工具创建出来的路径就成了选区。

2. 图层蒙版
图层蒙版是相当于在当前图层上面覆盖一层玻璃片,这种玻璃片有透明的、半透明的、完全不透明的,图层蒙版是 Photoshop CC 2019 中一项十分重要的功能。
用各种绘图工具在蒙版上涂色,涂黑色的地方蒙版变为完全透明的,看不见当前图层的图像。

图 5-1-1　任务 5.1 原图　　　　图 5-1-2　任务 5.1 效果图

涂白色则使涂色部分变为不透明的,可看到当前图层上的图像,涂灰色使蒙版变为半透明,透明的程度由涂色的灰度深浅决定。

技能目标

① 能通过"钢笔工具"进行抠图。
② 能使用图层蒙版进行图像合成。

任务实施

① 启动 Photoshop CC 2019,单击"文件"→"新建"命令,在弹出的对话框中新建宽度为 21 厘米、高度为 29.7 厘米的图像文件,其他参数如图 5-1-3 所示。

图 5-1-3　新建文件

② 使用钢笔工具绘制上下封闭的图形,如图 5-1-4 所示。

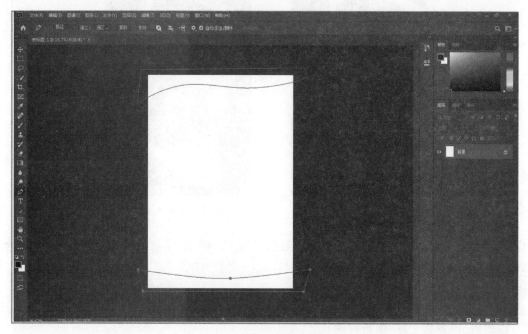

图 5-1-4　绘制图形

③ 按 Ctrl+Enter 组合键将路径转换为选区。新建图层并填充颜色 RGB(133, 79, 79),
如图 5-1-5 所示。

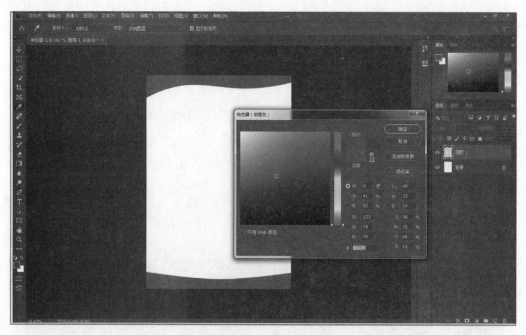

图 5-1-5　填充前景色

④ 使用自定义形状工具,选择花的图形,设置前景色 RGB(255,255,255)新建图层,按住 Shift 键绘制多个大小不一的花形,如图 5-1-6 所示。

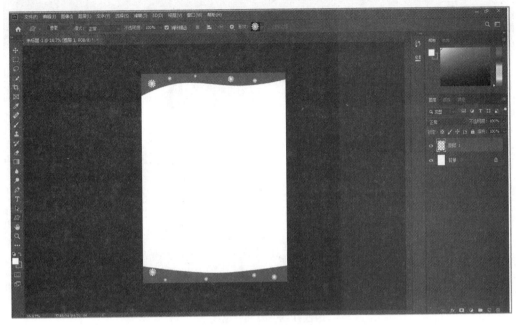

图 5-1-6　绘制自定义形状

⑤ 单击"文件"→"打开"命令,在弹出的对话框中找到本任务素材图片"新婚夫妇.jpg"将其打开,并移动到"背景"图层的上面一层,如图 5-1-7 所示。

图 5-1-7　打开素材

任务 5.1　制作个性大头婚纱模板　**127**

⑥ 使用"钢笔工具"勾勒出新郎的头部,如图 5-1-8 所示。

图 5-1-8 勾勒新郎头部

⑦ 按 Ctrl+Enter 组合键将路径转换为选区。再使用 Ctrl+J 组合键将选框中的头部复制出来,按 Ctrl+T 组合键将头部变大,如图 5-1-9 所示。

图 5-1-9 复制

⑧ 在放大的新郎头部图层上添加图层蒙版,设置前景色为黑色,将头部外的多余图像进行涂抹,如图 5-1-10 所示。

图 5-1-10　添加图层蒙版

⑨ 使用"钢笔工具"勾勒出新娘的头部,如图 5-1-11 所示。

图 5-1-11　勾勒新娘头部

⑩ 用同样的方法将新娘的头部复制出并放大,并使用图层蒙版将头部外的多余图像进行涂抹,如图 5-1-12 所示。

图 5-1-12　图层蒙版

⑪ 使用文字工具,输入相关文字,如图 5-1-13 所示。
⑫ 最终完成效果图,如图 5-1-2 所示。

图 5-1-13　输入文字

任务小结

① 在制作大头照片时,要注意头部与颈部之间的连接自然合理。

② 对于头发的抠图处理应该更加仔细,注意毛发碎发的处理。

任务拓展

对图 5-1-14 和图 5-1-15 所示图片制作出大头效果的婚纱照。

图 5-1-14   婚纱照 1

图 5-1-15   婚纱照 2

任务 5.2   制作怀旧老照片

任务情景

小白拍摄了一组儿童写真照片,小白喜欢老照片的风格,因为老照片能像讲故事一样记录下生活的点点滴滴,别有一番风味。小白思索后,决定使用 Photoshop CC 制作怀旧老照片的效果。

任务目标

① 制作老照片效果。

② 使用 Photoshop CC 2019 中的色调/饱和度、滤镜、图层的混合模式完成图像制作。

知识链接

1. 色相/饱和度

色相:是指色彩的相貌,就是通常说的各种颜色,如红、橙、黄、绿、青、蓝、紫等。色相是区别不同色彩的标准,它和色彩的强弱及明暗没有关系。色相是色彩的首要特征,人眼辨别色彩就是区分色彩的色相。

饱和度:是指色彩的鲜艳程度,它是影响色彩最终效果的重要属性之一。饱和度也称为色彩的纯度,即色彩中所含彩色成分和消色成分(也就是灰色)的比例,这个比例决定了色彩的饱和度及鲜艳程度。当某种色彩中所含的色彩成分多时,其色彩就呈现饱和(色觉强)、鲜明效果,给人的视觉印象会更强烈;反之,当某种色彩中所含的消色成分多时,色彩便呈现不饱和(色觉灰度大)状态,色彩会显得暗淡,视觉效果也随之减弱。原色的饱和度最高,混合的颜色越多,则混合后的色彩饱和度就越低,如饱和度极高的红色,在其中加入不同程度的灰后,其纯度就会降低,视觉效果也将变弱。

在所有可视的色彩中,红色的饱和度最高,蓝色的饱和度最低。

2. 图层混合模式

图层混合模式是 Photoshop 软件一项非常重要的功能,它决定了像素的混合方式,可用于创建各种特殊效果,不会对图像本身造成任何破坏。

在"图层"面板中任意选择一个图层,单击"混合选项",即可弹出混合模式下拉列表。混合模式分为 6 组,共 27 种,每组混合模式都可以产生相似的效果或相近的用途,如图 5-2-1 所示。

(1)组合模式组

组合模式组中的混合模式需要降低图层的不透明度才能产生作用。

正常:编辑或绘制每个像素使其成为结果色。

溶解:编辑或绘制每个像素使其成为结果色。但根据像素位置的不透明度,结果色由基色或混合色的像素随机替换。

(2)加深模式组

加深模式组中的混合模式可以使图像变暗,在混合过程中,当前图层中的白色将被底层较暗的像素替代。

变暗:查看每个通道中的颜色信息,选择基色或混合色中较暗的作为结果色,其中比混合色亮的像素被替换,比混合色暗的像素保持不变。

正片叠底:查看每个通道中的颜色信息并将基色与混合色复合,结果色是较暗的颜色。任何颜色与黑色混合产生黑色,与白色混合保持不变。用黑色或白色以外的颜色绘画时,绘画工具绘制的连续描边产生逐渐变暗的颜色,与使用多个魔术标记在图像上绘图的效果相似。

颜色加深:查看每个通道中的颜色信息,通过增加对比度使基色变暗以反映混合色,与黑色混合后不产生变化。

线性加深:查看每个通道中的颜色信息,通过减小亮度使基色变暗以反映混合色。

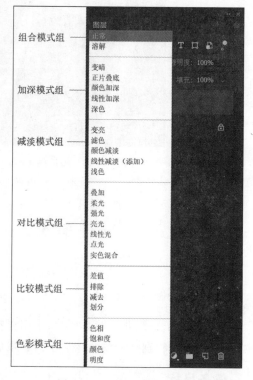

图 5-2-1 图层的混合模式

（3）减淡模式组

减淡模式组与加深模式组产生的效果截然相反，它们可以使图像变亮。图像中的黑色会被较亮的像素替换，而任何比黑色亮的像素都可能加亮底层的图像。

变亮：查看每个通道中的颜色信息；选择基色或混合色中较亮的颜色作为结果色。比混合色暗的像素被替换，比混合色亮的像素保持不变。

滤色：查看每个通道的颜色信息；将混合色的互补色与基色混合。结果色总是较亮的颜色，用黑色过滤时颜色保持不变，用白色过滤将产生白色。

颜色减淡：查看每个通道中的颜色信息，并通过减小对比度使基色变亮以反映混合色，与黑色混合则不发生变化。

（4）对比模式组

对比模式组中的混合模式可以增强图像的反差。在混合时，50%的灰色会完全消失，任何亮度值高于50%灰色的像素都可能加亮底层的图像，亮度值低于50%灰色的像素则可以使底层图像变暗。

叠加：复合或过滤颜色，具体取决于基色。图案或颜色在现有像素上叠加同时保留基色的明暗对比。不替换基色，但基色与混合色相混以反映原色的亮度或暗度。

柔光：使颜色变亮或变暗，具体取决于混合色，此效果与发散的聚光灯照在图像上相似。如果混合色（光源）比50%灰色亮，则图像变亮，就像被减淡了一样。如果混合色（光源）比50%灰色暗，则图像变暗，就像加深了一样。用纯黑色或纯白色绘画会产生明显较暗或较亮的区域，但不会产生纯黑色或纯白色。

强光：复合或过滤颜色，具体取决于混合色，效果与耀眼的聚光灯照在图像上相似。如果混合色（光源）比50%灰色亮，则图像变亮，就像过滤后的效果。如果混合色（光源）比50%灰色暗，则图像变暗，就像复合后的效果。用纯黑色或纯白色绘画会产生纯黑色或纯白色。

亮光：通过增加或减小对比度来加深或减淡颜色，具体取决于混合色。如果混合色（光源）比50%灰色亮，则通过减小对比度使图像变亮。如果混合色比50%灰色暗，则通过增加对比度使图像变暗。

线性光：通过增加或减小亮度来加深或减淡颜色，具体取决于混合色。如果混合色（光源）比50%灰色亮，则通过增加亮度使图像变亮。如果混合色比50%灰色暗，则通过减小亮度使图像变暗。

点光：替换颜色，具体取决于混合色。如果混合色（光源）比50%灰色亮，则替换比混合色暗的像素，而不改变比混合色亮的像素。如果混合色比50%灰色暗，则替换比混合色亮的像素，而不改变比混合色暗的像素。这对于向图像添加特殊效果非常有用。

（5）比较模式组

比较模式组中的混合模式可以比较当前图像与底层图像，然后将相同的区域显示为黑色，不同的区域显示为灰度层次或彩色。如果当前图层中包含白色，白色的区域会使底层图像反相，而黑色不会对底层图像产生影响。

差值：查看每个通道中的颜色信息并从基色中减去混合色，或从混合色中减去基色，具体取决于哪一个颜色的亮度值更大。与白色混合将反转基色值；与黑色混合则不产生变化。

排除：创建一种与"差值"模式相似但对比度更低的效果。与白色混合将反转基色值，与黑色混合则不发生变化。

（6）色彩模式组

使用色彩模式组中的混合模式时，Photoshop 会将色彩分为 3 种成分，即色相、饱和度和亮度，然后再将其中的一种或两种应用在混合后的图像中。

色相：用基色的亮度和饱和度以及混合色的色相创建结果色。

饱和度：用基色的亮度和色相以及混合色的饱和度创建结果色。在无饱和度（灰色）的区域上用此模式绘画不会产生变化。

颜色：用基色的亮度以及混合色的色相和饱和度创建结果色，可以保留图像中的灰阶，并且对于给单色图像上色和给彩色图像着色都会非常有用。

亮度：用基色的色相和饱和度以及混合色的亮度创建结果色。此模式创建与"颜色"模式相反的效果。

技能目标

设置创建新的填充或调整图层，使用添加杂色制作颗粒感照片效果，结合图层的混合模式制作老照片效果。原图如图 5-2-2 所示，效果图如图 5-2-3 所示。

图 5-2-2　任务 5.2 原图　　　　　　　　　　图 5-2-3　任务 5.2 效果图

任务实施

① 启动 Photoshop CC 2019，单击"文件"→"打开"命令，在弹出的对话框中找到本任务素材图片"儿童写真.jpg"并将其打开，复制"背景"图层，得到"背景 拷贝"图层，如图5-2-4所示。

② 单击"图层"面板底部的"创建新的填充或调整图层"按钮，选择"色相/饱和度"命令，调整它的饱和度和明度，设置如图 5-2-5 所示。

③ 单击"图层"面板底部的"创建新的填充或调整图层"图标，添加"曝光度"调整图层。调整"曝光度"为"-0.88"，"灰度系统校正"为"0.97"，如图 5-2-6 所示。

④ 单击"文件"→"打开"命令，在弹出的对话框中找到本任务素材图片"纹理.jpg"并将其打开，移动到图层的最上面，使用 Ctrl+T 组合键将其变化到完全遮盖住下面的图像。并将"纹理"图层的混合模式设置为"叠加"，并将"不透明度"设置为"70%"，如图 5-2-7 所示。

图 5-2-4　儿童写真

图 5-2-5　调整色相/饱和度

图 5-2-6　曝光度

图 5-2-7　混合模式

⑤ 新建图层,用白色填充图层,单击"滤镜"→"杂色"→"添加杂色"命令,杂色数量为"160",如图 5-2-8 所示。

⑥ 将此图层的混合模式设置为颜色减淡,并将"不透明度"设置为"12%"。将图像处理成胶片颗粒感,如图 5-2-9 所示。

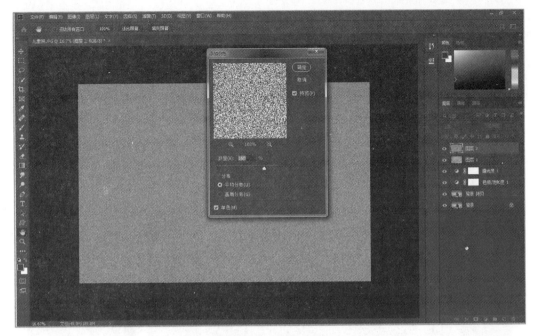

图 5-2-8　添加杂色

图 5-2-9　颜色减淡

　　⑦ 单击"文件"→"打开"命令,在弹出的对话框中找到本任务素材图片"黑色纹理.jpg"并将其打开,并移动到图层的最上面,使用 Ctrl+T 组合键将其变化到完全遮盖住下面的图像,把图层的混合模式改成"滤色","不透明度"设置为"72%",如图 5-2-10 所示。

⑧ 为了使旧照片的效果更好,再添加一张黑色划痕图片,图层的混合模式改成"滤色","不透明度"设置为"87%",如图 5-2-11 所示。

图 5-2-10　添加黑色纹理

图 5-2-11　添加黑色划痕

⑨ 单击"图层"面板底部的"创建新的填充或调整图层"按钮,添加"曝光度"调整图层。调整它的"位移"为"+0.05",如图 5-2-12 所示。

⑩ 最终完成效果图,如图 5-2-3 所示。

图 5-2-12　曝光度

任务小结

① 使用图层样式制作多种照片效果。
② 在设置"不透明度"参数时也应适当地调整其他参数。

任务拓展

用制作老照片的方法制作图 5-2-13 和图 5-2-14 所示的照片。

图 5-2-13　男孩写真照 1

图 5-2-14　男孩写真照 2

任务 5.3 制作星光闪耀个性签名艺术照

任务情景

小白在影楼拍摄了一组个人写真,想添加一些特效使照片更有特色,思索后,他决定制作星光闪耀个性签名艺术照。

任务目标

使用 Photoshop CC 2019 中的滤镜、选框工具、画笔工具综合完成创意制作,原图如图 5-3-1 所示,效果图如图 5-3-2 所示。

图 5-3-1 任务 5.3 原图　　　　　　图 5-3-2 任务 5.3 效果图

知识链接

1. 滤镜

滤镜主要用来实现图像的各种特殊效果。它是 Photoshop CC 2019 中最具有吸引力的功能之一。滤镜通常需要同通道、图层等联合使用,才能取得最佳艺术效果。Photoshop 中滤镜种类有很多,但常用的滤镜有以下几类:杂色滤镜、扭曲滤镜、渲染滤镜、风格化滤镜、"液化"滤镜、模糊滤镜。

2. 画笔工具

画笔工具是 Photoshop CC 2019 中的绘画工具,类似于传统的毛笔,它使用前景色绘制线条。画笔不仅能够绘制图画,还可以修改蒙版和通道。

技能目标

① 能通过滤镜制作各种照片效果。

② 能使用画笔工具进行照片的点缀。

任务实施

① 单击"文件"→"打开"命令,在弹出的对话框中找到本任务素材图片"个人写真.jpg"并将其打开,如图 5-3-3 所示。

② 复制图层,单击"滤镜"→"模糊"→"动感模糊"命令,设置"距离"为 80 像素,如图 5-3-4 所示。

图 5-3-3　打开素材

图 5-3-4　动感模糊

③ 将动感模糊的这一图层,使用橡皮擦工具擦出人物的主题部分,如图 5-3-5 所示。

④ 单击"滤镜"→"像素化"→"马赛克"命令,设置"单元格大小"为"30 方形",如图 5-3-6
所示。

图 5-3-5　橡皮擦

图 5-3-6　马赛克

⑤ 单击"滤镜"→"模糊"→"径向模糊"命令,设置"数量"为"5",如图 5-3-7 所示。

⑥ 用"矩形选框工具"绘制一个比原图小一些的选区,然后按 Ctrl+Shift+I 组合键反选,如图 5-3-8 所示。

图 5-3-7　径向模糊

图 5-3-8　反选

⑦ 新建图层,使用"油漆桶工具"填充与画面相近的颜色,如图5-3-9所示。

⑧ 单击"滤镜"→"扭曲"→"波浪"命令,设置波长最小为120,最大为256,波幅最小为28,最大为56,设置后如图5-3-10所示。

图 5-3-9　油漆桶

图 5-3-10　波浪

⑨ 新建图层,使用"画笔工具"绘制星星图案,如图 5-3-11 所示。

⑩ 使用文字工具输入相关文字,并在文字添加图层样式中的投影效果,如图 5-3-12 所示。

图 5-3-11　绘制图案

图 5-3-12　投影

⑪ 单击"图层"面板底部的"创建新的填充或调整图层"图标,调整"饱和度"为"+14",如图 5-3-13 所示。

⑫ 最终完成效果图,如图 5-3-2 所示。

图 5-3-13　饱和度

任务小结

① 在使用滤镜时,应多调整其参数,使其达到合适的效果。

② 在用"画笔工具"绘制时,可以使用"橡皮擦工具"擦掉一些星星笔刷,可以更加自然生动。

任务拓展

使用星光闪耀的方法制作图 5-3-14 和图 5-3-15 所示的个人写真照。

图 5-3-14　个人写真 1

图 5-3-15　个人写真 2

任务 5.4　制作漂亮的人物光线边框趣味效果

任务情景

小白拍摄了一组趣味写真照,想添加一些特殊效果,使画面更加活跃生动,小白决定制作漂亮的光线边框趣味效果的写真。

任务目标

使用 Photoshop CC 2019 中的"快速选择工具""仿制图章工具"、滤镜等综合完成创意制作,制作漂亮的人物光线边框,原图如图 5-4-1 所示,效果图如图 5-4-2 所示。

图 5-4-1　任务 5.4 原图

图 5-4-2　任务 5.4 效果图

知识链接

1．"快速选择工具"

使用"快速选择工具"在背景上单击,并沿着轮廓边缘进行拖动,可单击选项栏中的"添加"或"去除"按钮,也可以按 Alt 键去除或者按 Shift 键添加。单击选项栏中的"调整边缘"按钮,进行轻微的羽化。

2．"仿制图章工具"

"仿制图章工具"可以从图像中复制信息,其用法基本上与修复画笔工具一样,效果也相似,但是这两个工具也有不同点:修复画笔工具在修复最后,在颜色上会与周围颜色进行一次运算,使其更好地与周围融合,因此新图的色彩与原图色彩不尽相同,用仿制图章工具复制出的图像在色彩上与原图是完全一样的。

取样:在取样点上先按 Alt 键,同时用鼠标点击一下(取样),将鼠标在复制点处进行不断地涂抹,这时可以看到在鼠标不断移动的同时,一个"+"字点在取样点也在不断地移动进行取样,这样一个新的图像很快就复制出来了。(需要注意的是,采样点即为复制的起始点。选择不同的笔刷直径会影响绘制的范围,而不同的笔刷硬度会影响绘制区域的边缘融合效果。)

仿制图章工具是从图像中取样,然后将样本应用到其他图像或同一图像的其他部分,也可以将一个图层的一部分仿制到另一个图层。该工具的每个描边在多个样本上绘画。要复制对象或去除图像中的缺陷,仿制图章工具十分有用。

另外,使用图案图章工具可以进行相同图案的复制绘画。可以从图案库中选择图案或者自己创建图案,在后面的学习中我们将会详细介绍。

技能目标

① 能通过快速选择工具进行抠图。
② 能使用仿制图章工具去除背景中的人物。
③ 能使用照亮边缘滤镜进行图像的处理。

任务实施

① 启动 Photoshop CC 2019,单击"文件"→"打开"命令,在弹出的对话框中找到本任务素材图片"趣味写真照.jpg"并将其打开,并复制"背景"图层。如图 5-4-3 所示。

② 单击快速选择工具,框选人物图像,按 Ctrl+J 组合键将人物复制到新的图层,如图 5-4-4 所示。

③ 使用仿制图章工具,将"背景"图层中的人物去除,如图 5-4-5 所示。

④ 复制抠出的人物图层,按住 Ctrl 键单击图层缩略图出现人物图像的选框,单击"选择"→"修改"→"扩展"命令,扩展 100 像素,如图 5-4-6 所示。

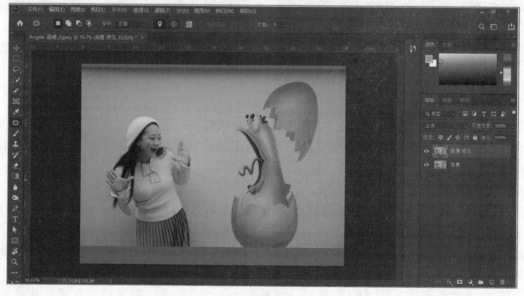

图 5-4-3　打开素材

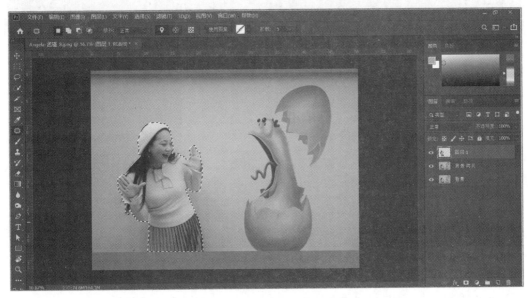

图 5-4-4 复制图层

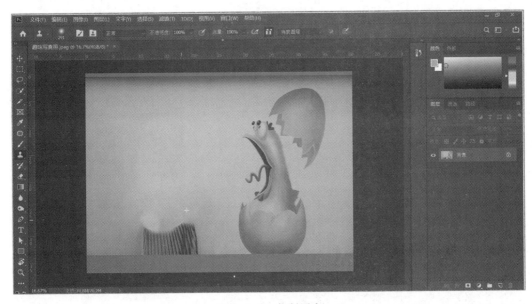

图 5-4-5 仿制图章

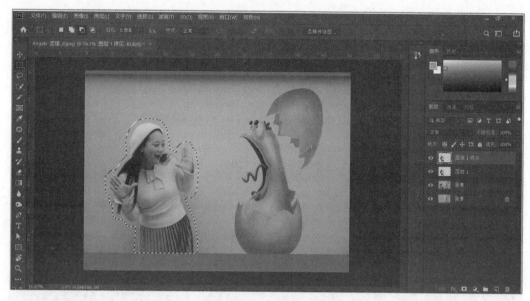

图 5-4-6　扩展

⑤ 单击"图像"→"调整"→"去色"命令,将人物去色,如图 5-4-7 所示。

⑥ 按 Ctrl+I 组合键将黑白颜色反相,如图 5-4-8 所示。

⑦ 单击"滤镜"→"滤镜库"→"风格化"→"照亮边缘"命令,参数设置如图 5-4-9 所示。

⑧ 将此图层混合模式改为"颜色减淡",如图 5-4-10 所示。

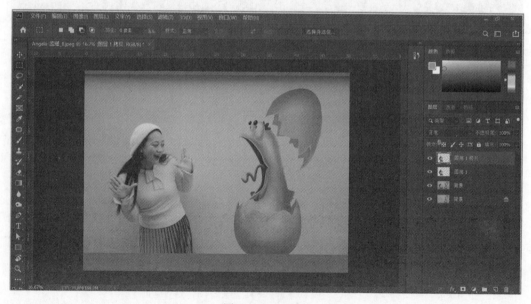

图 5-4-7　去色

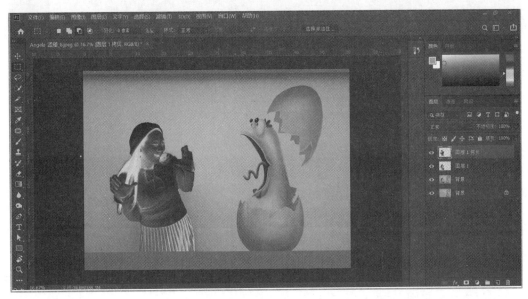

图 5-4-8　反相

图 5-4-9　照亮边缘

任务 5.4　制作漂亮的人物光线边框趣味效果　**151**

图 5-4-10　颜色减淡

⑨ 按 Ctrl+T 组合键改变其大小,使用橡皮擦工具擦除脸部多余的线条,如图 5-4-11 所示。
⑩ 最终完成效果图,如图 5-4-2 所示。

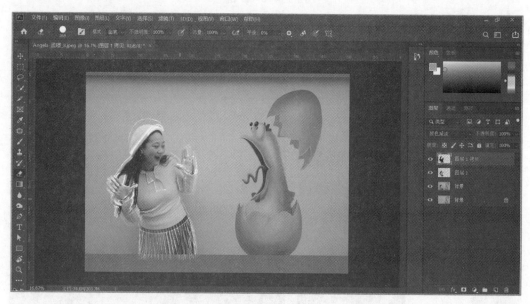

图 5-4-11　变换大小

任务小结

① 使用快速选择工具进行抠图时要合理地使用添加或去除选区。
② 使用仿制图章工具进行去除背景中的人物时要合理地选择新的取样点。

任务拓展

使用漂亮的光线边框趣味效果制作如图 5-4-12 和图 5-4-13 所示的女士写真照。

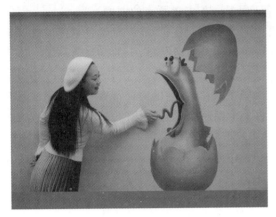

图 5-4-12　女士写真 1

图 5-4-13　女士写真 2

任务 5.5　制作手绘素描效果艺术照

任务情景

小白拍摄了一组个人写真,打算做成手绘素描效果,下面我们一起来具体学习手绘素描是怎样完成的。

任务目标

使用 Photoshop CC 2019 中的去色、反相、滤镜、图层样式综合完成创意制作,制作手绘素描效果艺术照。原图如图 5-5-1 所示,效果图如图 5-5-2 所示。

图 5-5-1　任务 5.5 原图

图 5-5-2　任务 5.5 效果图

知识链接

1. 去色

去色是指将彩色图像通过运算转换成灰度图像（用黑白灰表达原来的图像）。

去色和黑白功能的区别在于：去色功能只能简单的黑白化；黑白功能有对颜色更多的细调和预设，不同的图片有不一样的细调。可简单总结为去色干的是粗活，黑白干的是细活。

2. 反相

色轮上相距180°的颜色互为补色，即在色轮上的每个颜色，在它的对面都有一个跟它成互补关系的颜色，它们的连接线通过色轮圆心。反相是将某个颜色换成它的补色，一幅图像上有很多颜色，每种颜色都转成其补色，相当于将这幅图像的色相旋转了180°，如原来黑的此时变白。

技能目标

① 能通过去色、反相制作黑白照片效果。

② 能使用滤镜和图层样式制作手绘素描效果。

任务实施

① 单击"文件"→"打开"命令，在弹出的对话框中找到本任务素材图片"女士写真.jpg"将其打开，并复制一层图层，得到"背景 拷贝"图层，如图5-5-3所示。

② 将"背景 拷贝"图层去色，单击"图像"→"调整"→"去色"命令，如图5-5-4所示。

③ 单击"图像"→"调整"→"反相"命令，复制去色后的这一个图层，如图5-5-5所示。

④ 反相后的照片，如图5-5-6所示。

图 5-5-3　复制图层

图 5-5-4　去色

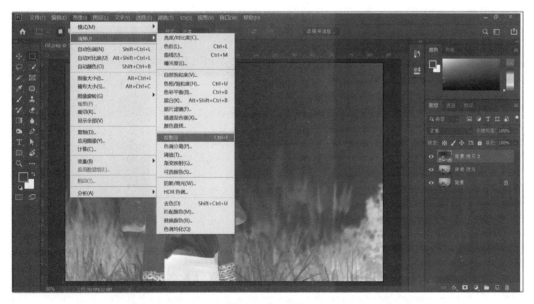

图 5-5-5　反相

图 5-5-6　反相后的照片

⑤ 将这一图层的图层混合模式改为"颜色减淡",如图 5-5-7 所示。

⑥ 单击"滤镜"→"其他"→"最小值"命令,此时画面出现素描效果,设置参数如图 5-5-8 所示。

图 5-5-7　颜色减淡

图 5-5-8　最小值

⑦ 打开此图层的图层样式，调整混合色带下面的明暗条。按住 Alt 键，将右边的滑块向中间位置拖动，调整到合适位置，如图 5-5-9 所示。

⑧ 将最上面的两个图层合并，如图 5-5-10 所示。

图 5-5-9　混合色带

图 5-5-10　合并图层

⑨ 新建图层,填充白色,并将此白色图层移动到"背景 拷贝 2"图层的下面,如图 5-5-11 所示。

⑩ 为"背景 拷贝 2"图层建立图层蒙版,并选中图层蒙版,单击"滤镜"→"杂色"→"添加杂色"命令,设置如图 5-5-12 所示。

图 5-5-11　复制图层

图 5-5-12　添加杂色

⑪ 然后再单击"滤镜"→"模糊"→"动感模糊"命令,设置如图 5-5-13 所示。

⑫ 最终完成效果图,如图 5-5-2 所示。

图 5-5-13　动感模糊

任务小结

① 在使用滤镜添加杂色时,应多调整其参数,使其达到合适的效果。

② 在图层样式中调整混合色带下面的明暗条时,要调整到合适位置,主要是以更接近素描为准。

任务拓展

使用手绘素描效果方法制作如图 5-5-14 和图 5-5-15 所示的个人写真照。

图 5-5-14　个人写真照 1

图 5-5-15　个人写真照 2

任务 5.6　制作工笔画效果艺术照

任务情景

小白拍摄了一组个人古装写真照,打算做成工笔画效果,大体步骤和上一个实例的素描画一致,但略有不同,下面我们一起来研究工笔画效果是怎样制作的。

任务目标

使用 Photoshop CC 2019 中的去色、反相、合并图层、滤镜、图层样式综合完成创意制作。制作工笔画效果艺术照,原图如图 5-6-1 所示,效果图如图 5-6-2 所示。

图 5-6-1　任务 5.6 原图

图 5-6-2　任务 5.6 效果图

知识链接

合 并 图 层

合并图层包括以下 3 种方式：

① 合并向下合并图层：指从当前选择的图层向下合并一层。

② 合并可见图层：指合并所有的可见图层。

③ 拼合图像：指合并所有图层。

技能目标

① 能通过去色、反相制作黑白照片效果。

② 能使用滤镜和图层样式制作工笔画效果。

任务实施

① 单击"文件"→"打开"命令，在弹出的对话框中找到本任务素材图片"古装艺术照.jpg"将其打开，并复制一层，得到"背景 拷贝"图层，如图 5-6-3 所示。

② 再将"背景 拷贝"图层再次复制，单击"图像"→"调整"→"去色"命令，如图 5-6-4所示。

图 5-6-3 拷贝

图 5-6-4　去色

③ 单击"图像"→"调整"→"反相"命令,如图 5-6-5 所示。

④ 单击"滤镜"→"其他"→"最小值"命令,具体参数设置如图 5-6-6 所示。并向下合并这两个图层。

图 5-6-5　反相

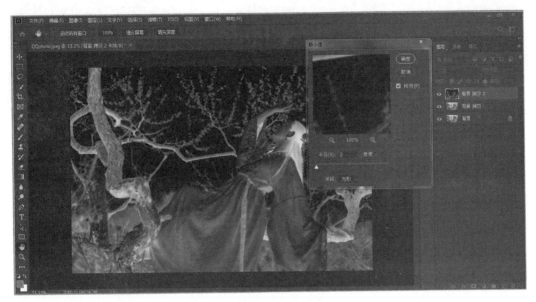

图 5-6-6　最小值

⑤ 将合并后的图层混合模式改为"柔光",如图 5-6-7 所示。

⑥ 新建图层,按 Alt+Delete 组合键,填充颜色 RGB(153,135,14),如图 5-6-8 所示。

图 5-6-7　柔光

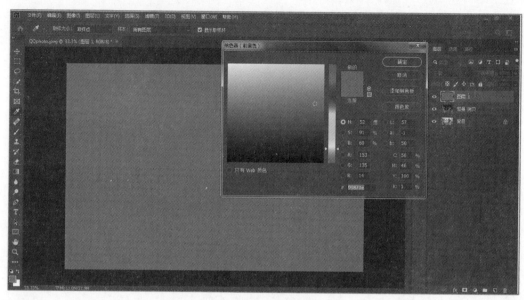

图 5-6-8　填充颜色

⑦ 单击"滤镜"→"滤镜库"→"纹理"→"纹理化"命令,具体参数设置如图 5-6-9 所示。

⑧ 将此图层的图层样式改为"正片叠底",填充改为 90%,如图 5-6-10 所示。

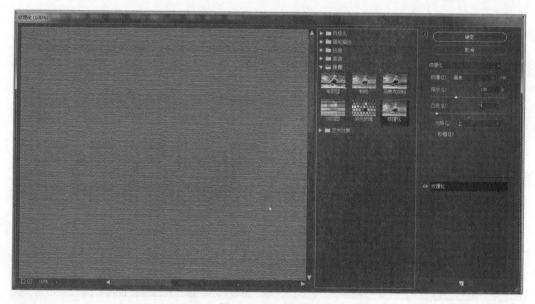

图 5-6-9　纹理化

图 5-6-10　整片叠底

⑨ 输入相关文本，调整到合适的大小与位置，如图 5-6-11 所示。

⑩ 最终完成效果图，如图 5-6-2 所示。

图 5-6-11　调整大小

任务小结

① 在使用"最小值"滤镜时，应多调整其参数，使其达到合适的效果。

② 在填充颜色图层时，如果颜色较深，可以减少填充量来进行调整，以更接近工笔画背景为准。

任务拓展

使用工笔画效果方法制作如图 5-6-12 和图 5-6-13 所示的古装写真照。

图 5-6-12　古装写真照 1　　　　　　　　　　图 5-6-13　古装写真照 2

任务 5.7　制作马赛克效果艺术照

任务情景

春天来了,小白拍摄了一组个人的春日风景写真照,打算做成马赛克效果,其实非常简单,下面我们一起来研究马赛克效果是怎样制作的。

任务目标

使用 Photoshop CC 2019 中的定义图案、图层样式、图案填充综合完成创意制作。制作马赛克效果艺术照,原图如图 5-7-1 所示,效果图如图 5-7-2 所示。

图 5-7-1　任务 5.7 原图　　　　　　　　　图 5-7-2　任务 5.7 效果图

知识链接

定 义 图 案

Photoshop CC 2019 中图案的定义及注意事项:打开一幅图像,用矩形选框工具选取一块区域,然后单击"编辑"→"定义图案"命令,出现设定框,可输入图案的名称,确定后图案保存即可。需要注意的是:必须用矩形选框工具选取,并且不能带有羽化(无论是选取前还是选取后),否则定义图案的功能就无法使用。另外如果不创建选区直接定义图案,则将把整幅图像作为图案。

Photoshop CC 2019 中图案的应用:图案图章工具、修补工具、油漆桶工具,这三种工具在选项栏中都有图案的选项及图案列表。

技能目标

① 能通过定义图案填充马赛克效果。

② 能使用图层样式制作最终效果。

任务实施

① 单击"文件"→"打开"命令,在弹出的对话框中找到本任务素材图片"春日风景.jpg"并将其打开,如图 5-7-3 所示。

② 单击"文件"→"打开"命令,在弹出的对话框中找到本任务素材图片"春日风景拼图.jpg"并将其打开,如图 5-7-4 所示。

图 5-7-3　打开素材

图 5-7-4　打开拼图

③ 打开"春日风景拼图.jpg",单击"编辑"→"定义图案"命令,如图 5-7-5 所示。

④ 返回到"春日风景.jpg",在"图层"面板中单击"创建新的填充和调整图层"→"图案"命令,如图 5-7-6 所示。

图 5-7-5　定义图案

图 5-7-6　单击"图案"命令

⑤ 在弹出的"图案填充"对话框中调整合适的缩放比例,如图 5-7-7 所示。

⑥ 在图层样式中选择"叠加"效果,如图 5-7-8 所示。

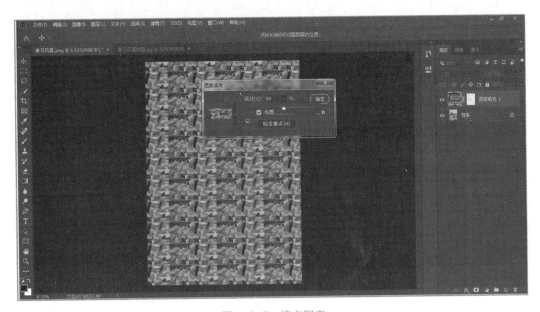

图 5-7-7　填充图案

图 5-7-8　叠加

⑦ 将"图案填充 1"图层的"不透明度"减小到"30%"，如图 5-7-9 所示。

⑧ 最终完成效果图，如图 5-7-2 所示。

图 5-7-9　调整不透明度

任务小结

① 在填充图案时，应多调整大小，使其达到合适的效果。

② 在降低不透明度时，也应根据情况做合适的调整。

任务拓展

使用如图 5-7-10 所示的素材制作出如图 5-7-11 所示的夏日写真照马赛克效果。

图 5-7-10　夏日拼图

图 5-7-11　夏日写真

任务 5.8　制作拍立得效果艺术照

任务情景

小白拍摄了一组亲子照,打算做成拍立得效果,过程非常简单,下面一起来看看拍立得效果是怎样完成的。

任务目标

使用 Photoshop CC 2019 中的多边形工具、高斯模糊、图层样式等综合完成创意制作。制作拍立得效果艺术照,原图如图 5-8-1 所示,效果图如图 5-8-2 所示。

图 5-8-1　任务 5.8 原图　　　　　　图 5-8-2　任务 5.8 效果图

知识链接

1. 多边形工具

多边形工具是 Photoshop CC 2019 中的重要工具之一。合理使用多边形工具,关键在于对工具中形状图层、路径以及像素填充三方面的运用。

在多边形工具中,单击选项栏形状图层的图标,边数设置为 3 后,在作图区域中绘制一个三角形,按同样的步骤可分别绘制出四边形、五边形、六边形、七边形以及八边形等。

2. 高斯模糊

高斯模糊也叫高斯平滑,在 Adobe Photoshop 等图像处理软件中广泛使用,通常用于减少图像噪声以及降低细节层次。这种模糊技术生成的图像,其视觉效果就像是透过一个毛玻璃在观察图像,这与镜头焦外成像效果散景以及普通照明阴影中的效果都明显不同。高斯模糊算法也用于计算机视觉算法中的预先处理阶段,以增强图像在不同比例大小下的图像效果。

技能目标

① 能通过多边形工具绘制形状。
② 能使用高斯模糊制作朦胧效果。

任务实施

① 单击"文件"→"打开"命令,在弹出的对话框中找到本任务素材图片"亲子照.jpg"并将其打开,复制图层,如图 5-8-3 所示。

② 对复制后的图层,单击"滤镜"→"高斯模糊"命令,设置"半径"为"20 像素",如图 5-8-4 所示。

③ 使用"多边形工具",绘制一个六边形,如图 5-8-5 所示。

④ 双击图层弹出"图层样式"对话框,设置"填充不透明度"为"0%","挖空"为"浅",如图 5-8-6所示。

图 5-8-3　复制

图 5-8-4　高斯模糊

图 5-8-5　多边形工具

图 5-8-6　填充不透明度

⑤ 添加投影效果,设置"大小"为"79 像素",如图 5-8-7 所示。

⑥ 按住 Alt 键复制多个六边形并移动到其他合适的位置,如图 5-8-8 所示。

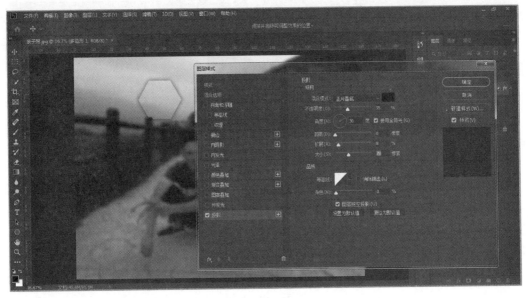

图 5-8-7　投影

图 5-8-8　调整位置

⑦ 继续按住 Alt 键复制多个六边形,使画面和谐美观,如图 5-8-9 所示。

⑧ 最终完成效果图,如图 5-8-2 所示。

图 5-8-9　复制

任务小结

① 在使用高斯模糊时,应多调整大小,使其达到合适的效果。

② 按住 Alt 键复制六边形时,应根据画面美观调整个数,每个六边形之间的间距应该统一。

任务拓展

使用拍立得效果制作如图 5-8-10 和图 5-8-11 所示的艺术照效果。

图 5-8-10　儿童艺术照 1

图 5-8-11　儿童艺术照 2

任务 5.9　制作 3D 趣味儿童写真

任务情景

　　小白拍摄了一组儿童写真,想制作成 3D 立体趣味的儿童写真,使画面更加活泼生动,制作过程非常简单,下面我们一起来看看 3D 立体效果是怎样完成的。

任务目标

　　使用 Photoshop CC 2019 中的剪贴蒙版、钢笔工具等综合完成创意制作。制作 3D 儿童艺术照。原图如图 5-9-1 所示,效果图如图 5-9-2 所示。

图 5-9-1　任务 5.9 原图

图 5-9-2　任务 5.9 效果图

知识链接

　　1. 剪贴蒙版
　　剪贴蒙版也称剪贴组,该命令是通过使用处于下方图层的形状来限制上方图层的显示状态,达到一种剪贴画的效果,即"下形状上颜色"。
　　Photoshop CC 2019 中的剪贴蒙版可以用于抠图,制作一些特殊效果,选择一个形状,在上面可以插入一张图片,创建剪贴蒙版后可以直接再给图片图层附加一个图层蒙版,进行自由地绘制。
　　创建剪贴蒙版以后,如果不再需要的时候,可以单击"图层"→"释放剪贴蒙版"命令释放。剪贴蒙板是 Photoshop CC 2019 中一个非常特别、非常有趣的蒙版,用它常常可以制作出一些特殊的效果。
　　2. 钢笔
　　钢笔工具是在绘图软件中用来创造路径的工具,创造路径后,还可再进行编辑。钢笔工具属于矢量绘图工具,其优点是可以勾画平滑的曲线,在缩放或者变形之后仍能保持平滑效果。
　　钢笔工具画出来的矢量图形称为路径,路径是矢量的路径允许是不封闭的开放状,如果把起点与终点重合绘制就可以得到封闭的路径。

技能目标

① 能通过"钢笔工具"进行抠图。

② 能使用剪贴蒙版遮盖人物图片。

任务实施

① 单击"文件"→"打开"命令,在弹出的对话框中找到本任务素材图片"手机.jpg"并将其打开,如图 5-9-3 所示。

② 使用"钢笔工具"绘制闭合的路径,将手机屏幕抠出,如图 5-9-4 所示。

图 5-9-3　打开素材

图 5-9-4　绘制路径

③ 按 Alt+Delete 组合键,将路径转换为选区,如图 5-9-5 所示。

④ 按 Ctrl+J 组合键,将选区中的屏幕复制到一个新的图层,如图 5-9-6 所示。

图 5-9-5　转换为选区

图 5-9-6　复制

⑤ 单击"文件"→"打开"命令,在弹出的对话框中找到本任务素材图片"儿童趣味写真.jpg"并将其打开,按 Ctrl+T 组合键调整到合适的大小并移动到屏幕图层的上方,如图 5-9-7 所示。

⑥ 在"图层"面板上选中儿童趣味写真照片所在的"图层 2"图层,单击右键创建剪贴蒙版,如图 5-9-8 所示。

图 5-9-7　调整大小

图 5-9-8　剪贴蒙版

⑦ 再次复制"图层 2"图层,得到"图层 2 拷贝"图层,如图 5-9-9 所示。

⑧ 使用"钢笔工具"勾勒出儿童的头部,如图 5-9-10 所示。

图 5-9-9　复制

图 5-9-10　勾勒头部

⑨ 按 Alt+Delete 组合键,将路径转换为选区,如图 5-9-11 所示。

⑩ 单击"图层"面板底部的"添加图层蒙版"按钮,自动隐藏其他不需要的部分,如图 5-9-12 所示。

图 5-9-11　转换为选区

图 5-9-12　矢量蒙版

⑪ 单击"创建新的填充或调整图层"按钮,选择"曲线"命令,设置如图5-9-13所示。

⑫ 最终完成效果图,如图5-9-2所示。

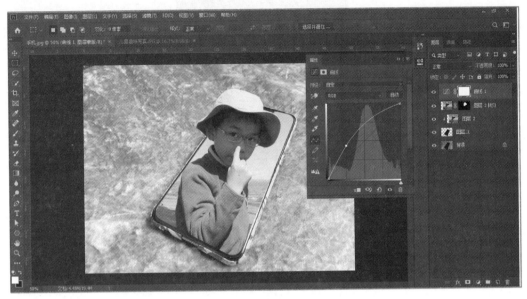

图 5-9-13　曲线调整

任务小结

1. 剪贴蒙版与图层蒙版的区别

① 从形式上看,普通的图层蒙版只作用于一个图层,好像是在图层上面进行遮挡一样。但剪贴蒙板却是对一组图层进行影响,而且是位于被影响图层的最下面。

② 普通的图层蒙版本身不是被作用的对象,而剪贴蒙版本身又是被作用的对象。

③ 普通的图层蒙版仅仅是影响作用对象的不透明度,而剪贴蒙版除了影响所有顶层的不透明度外,其自身的混合模式及图层样式都将对顶层产生直接影响。

2. 钢笔工具

使用"钢笔工具"勾勒路径时,应该进行大量练习,才能熟能生巧。

任务拓展

使用3D趣味效果制作如图5-9-14和图5-9-15所示的艺术照。

图 5-9-14　艺术照 1

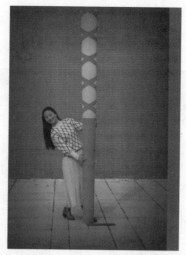

图 5-9-15　艺术照 2

任务 5.10　制作纸雕艺术写真

任务情景

小白拍摄了一组写真照,想做成纸雕效果,使画面更加生动,能给人留下深刻印象,下面我们一起来看看纸雕效果是怎样完成的。

任务目标

使用 Photoshop CC 2019 中的"钢笔工具"、选框工具等综合完成创意制作。制作纸雕效果的艺术照。原图如图 5-10-1 所示,效果图如图 5-10-2 所示。

图 5-10-1　任务 5.10 原图

图 5-10-2　任务 5.10 效果图

知识链接

选 框 工 具

Photoshop CC 2019 中的选框工具内含四种工具,它们分别是矩形选框工具、椭圆选框工具、单行选框工具、单列选框工具,使用选框工具可以选择矩形、椭圆形以及宽度为 1 个像素的行和列。默认情况下,从选框的一角拖移选框。

(1)矩形选框工具和椭圆选框工具

使用矩形选框工具,在图像中确认要选择的范围,按住鼠标左键不松拖动鼠标,即可选出要选取的选区。椭圆选框工具的使用方法与矩形选框工具相同。

(2)单行选框工具和单列选框工具

使用单行或单列选框工具,在图像中先确认要选择的范围,点击鼠标一次即可选出一个像素宽的选区,对于单行或单列选框工具,在要选择的区域旁边点按,然后将选框拖移到确切的位置。如果看不见选框,则增加图像视图的放大倍数。

Photoshop CC 2019 的选框工具的选项栏:

① 新选区:可以创建一个新的选区。

② 添加到选取:在原有选区的基础上,继续增加一个选区,也就是将原选区扩大。

③ 从选区减去:在原选区的基础上剪掉一部分选区。

④ 与选取交叉:执行的结果,就是得到两个选区相交的部分。

⑤ 样式:对于矩形选框工具、圆角矩形选框工具或椭圆选框工具,在选项栏中选取一个样式。

正常:通过拖动确定选框比例。

固定长宽比:设置高宽比。输入长宽比的值。例如,若要绘制一个宽是高两倍的选框,则输入宽度 2 和高度 1。

固定大小:为选框的高度和宽度指定固定的值。输入整数像素值。创建 1 英寸选区所需的像素数取决于图像的分辨率。

⑥ 羽化:实际上就是选区的虚化值,羽化值越高,选区越模糊。

⑦ 消除锯齿:只有在使用椭圆选框工具时,这个选项才可使用,它决定选区的边缘光滑与否。

技能目标

① 能通过钢笔工具绘制闭合路径。

② 能够改变选区的大小。

任务实施

① 单击"文件"→"新建"命令,在弹出的对话框中设置宽 21 厘米、高 29.7 厘米,分辨率为 72 像素/英寸的文档,如图 5-10-3 所示。

② 按 Alt+Delete 组合键,将"背景"图层填充蓝色 RGB(15,50,93),如图 5-10-4 所示。

图 5-10-3　新建文档

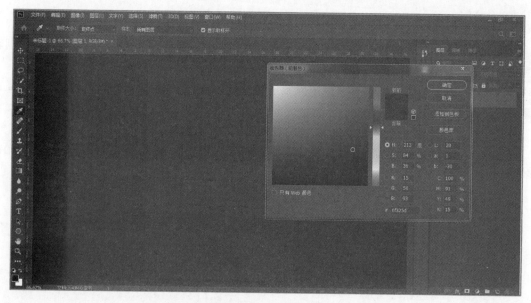

图 5-10-4　填充蓝色

③ 新建图层,按 Alt+Delete 组合键,将背景图层填充墨绿色 RGB(83,177,131),如图5-10-5
所示。

④ 单击钢笔工具,绘制一个封闭的形状,如图 5-10-6 所示。

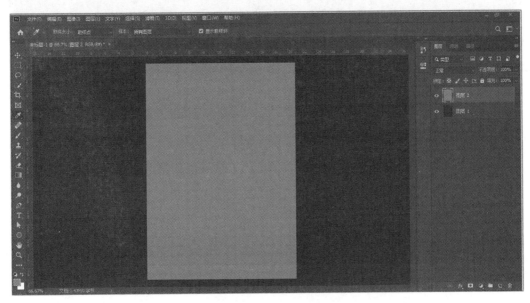

图 5-10-5 填充墨绿色

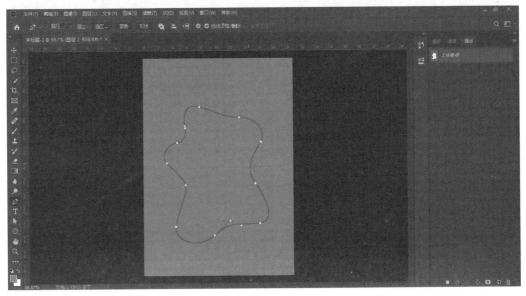

图 5-10-6 钢笔绘制

⑤ 按 Ctrl+Enter 组合键,将路径转换为选区,如图 5-10-7 所示。

⑥ 按 Delete 键删除选区,如图 5-10-8 所示。

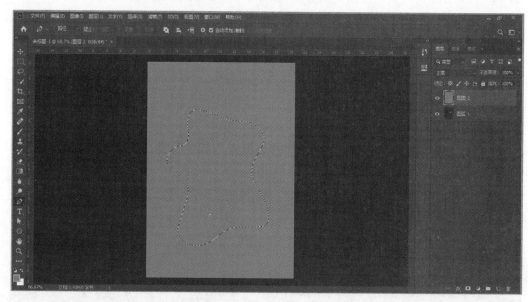

图 5-10-7　转换为选区

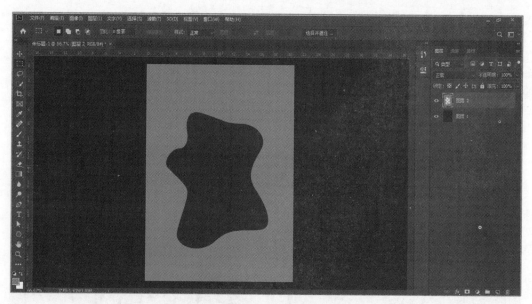

图 5-10-8　删除

⑦ 在"图层模式"对话框中添加"斜面和浮雕",设置如图 5-10-9 所示。

⑧ 再添加"投影",设置如图 5-10-10 所示。

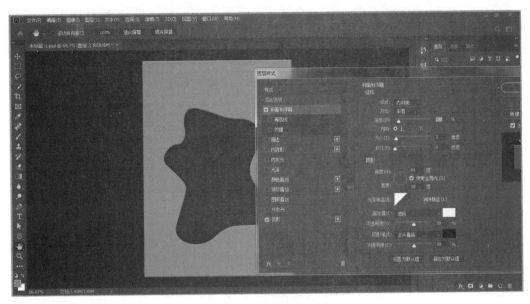

图 5-10-9　斜面和浮雕

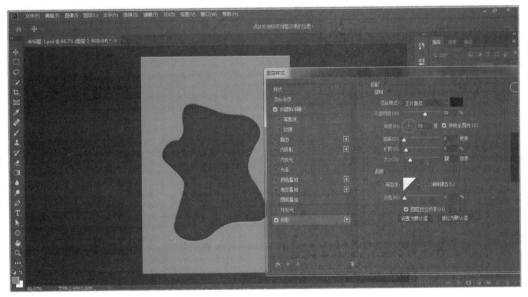

图 5-10-10　投影

任务 5.10　制作纸雕艺术写真　**189**

⑨ 按 Ctrl+J 组合键,复制一层,并按 Ctrl+T 组合键变大一些,如图 5-10-11 所示。
⑩ 按 Ctrl+Shift+Alt+T 组合键,连续复制多个多图层,如图 5-10-12 所示。

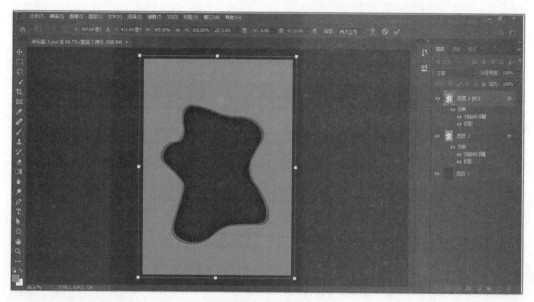

图 5-10-11　变换

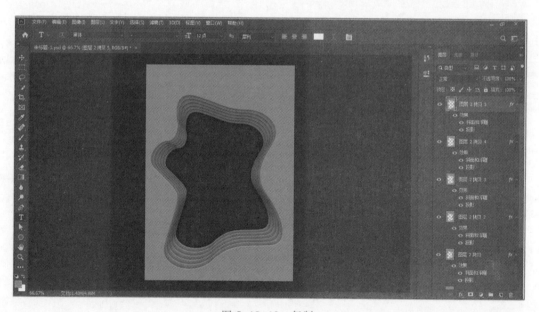

图 5-10-12　复制

⑪ 分别从上往下为每个图层改蓝绿系列色,颜色值依次为 RGB(13,112,118),RGB(29,54,79),RGB(25,84,77),RGB(194,196,197),RGB(104,145,127),RGB(43,109,106),如图 5-10-13所示。

⑫ 单击"文件"→"打开"命令,在弹出的对话框中找到本任务素材图片"冬日纸雕写真.jpg",并将其打开,将其移动到"背景"图层的上一层,如图 5-10-14 所示。

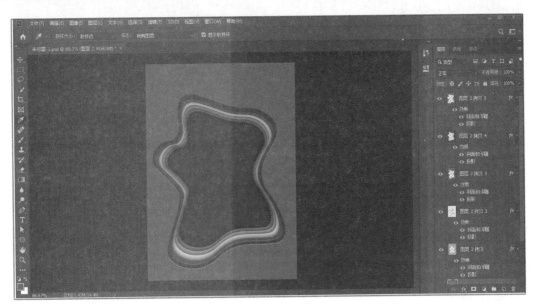

图 5-10-13　填色

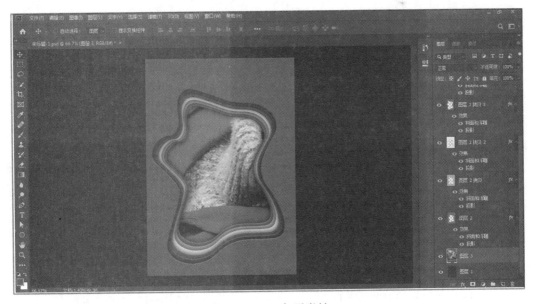

图 5-10-14　打开素材

⑬ 按 Ctrl+T 组合键,将"冬日纸雕写真.jpg"缩放到合适的大小,如图 5-10-15 所示。
⑭ 最终完成效果图,如图 5-10-2 所示。

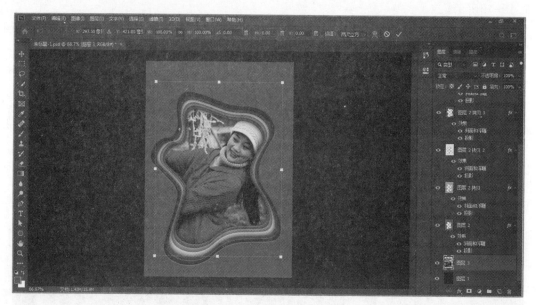

图 5-10-15　变换

任务小结

① 色彩搭配要大胆合理,既要达到和谐美观的效果,又要有创新与亮色。
② 配色新颖,可选用同类色、对比色、互补色和邻近色进行搭配。

任务拓展

使用纸雕艺术效果制作如图 5-10-16 和图 5-10-17 所示的冬日艺术照。

图 5-10-16　冬日艺术照 1

图 5-10-17　冬日艺术照 2

项 目 小 结

在使用 Photoshop CC 2019 进行数码照片处理时,除了各种技术和技巧的学习,能否把握良好的感觉和创意也是做出一张完美图片必不可少的因素。艺术照片经过处理后,一些小的毛病就去除了,但是应尽量以靠近原色为主,因为原色才是本来的色彩,那种夸张的色彩可以有一点,但仅仅是点缀,不可喧宾夺主。

郑重声明

高等教育出版社依法对本书享有专有出版权。任何未经许可的复制、销售行为均违反《中华人民共和国著作权法》,其行为人将承担相应的民事责任和行政责任;构成犯罪的,将被依法追究刑事责任。为了维护市场秩序,保护读者的合法权益,避免读者误用盗版书造成不良后果,我社将配合行政执法部门和司法机关对违法犯罪的单位和个人进行严厉打击。社会各界人士如发现上述侵权行为,希望及时举报,本社将奖励举报有功人员。

反盗版举报电话　(010)58581999　58582371　58582488
反盗版举报传真　(010)82086060
反盗版举报邮箱　dd@ hep. com. cn
通信地址　北京市西城区德外大街 4 号
　　　　　高等教育出版社法律事务与版权管理部
邮政编码　100120

防伪查询说明

用户购书后刮开封底防伪涂层,利用手机微信等软件扫描二维码,会跳转至防伪查询网页,获得所购图书详细信息。也可将防伪二维码下的 20 位密码按从左到右、从上到下的顺序发送短信至 106695881280,免费查询所购图书真伪。

反盗版短信举报

编辑短信"JB,图书名称,出版社,购买地点"发送至 10669588128

防伪客服电话

(010)58582300

学习卡账号使用说明

一、注册/登录

访问 http://abook.hep.com.cn/sve,点击"注册",在注册页面输入用户名、密码及常用的邮箱进行注册。已注册的用户直接输入用户名和密码登录即可进入"我的课程"页面。

二、课程绑定

点击"我的课程"页面右上方"绑定课程",正确输入教材封底防伪标签上的20 位密码,点击"确定"完成课程绑定。

三、访问课程

在"正在学习"列表中选择已绑定的课程,点击"进入课程"即可浏览或下载与本书配套的课程资源。刚绑定的课程请在"申请学习"列表中选择相应课程并点击"进入课程"。

如有账号问题,请发邮件至:4a_admin_zz@ pub.hep.cn。